超エコ生活モード

快にして適に生きる

小林孝信

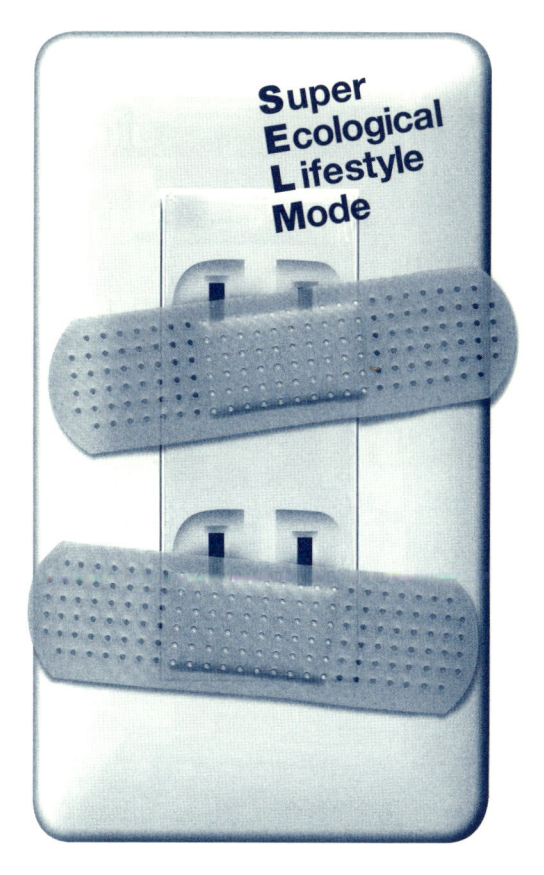

Super
Ecological
Lifestyle
Mode

コモンズ

もくじ

はじめの一歩 4
超エコ生活モード（SELM）とは 5

I　いま若い人びとへ 9

1. 楽しかったあのころ 10
2. しっかり味わい、よく歩く 14
3. クルマはほどほどに 18
4. 自動販売機さん、さようなら 22
5. 便利さの裏側 28
6. 自分の頭で考えよう 30

II　わたしの超エコ生活モード 33

1. テレビは見ない、クルマは乗らない、自動販売機は使わない 34

   テレビ様に「さようなら」して 45 年 34 ●クルマは最初から「さようなら」 37 ●飲用の自動販売機とは最近「さようなら」 38 ●まだ「さようなら」していないコンビニ 39

2. 45 年間の生活スタイル 40

   電気エネルギーをなるべく使わない 40 ●生活スタイルも社会の制度も変える 41 ●暖房を使わない 43 ●冷房も使わない 45 ●土鍋で胚芽米を炊く 46 ●電気掃除機・ケータイ・エレベーターを使わない 47 ●薬よりも自然治癒力 48 ●合成洗剤より石けん 49 ●少しだけど野菜作りも 49 ●主張を発表し、運動に参加する 50 ●コーシンジャーの一日 50 ●おもな電気製品は冷蔵庫と二槽式洗濯機 52 ●大事に使ってきたオーディオセット 54 ●消費電力量は一般家庭の 6 分の 1 ～ 7 分の 1　55

3　クルマと自動販売機とテレビの悪循環を絶つ 56

クルマと自動販売機の健康への影響 56●テレビの心に与える影響 57●クルマの社会的な影響 58●働き方を変える 59

4　人類を滅ぼす核と原発 60

原子力は魔法のランプ？ 60●増え続けてきた核兵器 62●何回も起きてきた原発事故 63●地震の危険性を示していた柏崎刈羽原発事故 64●放射性廃棄物の処理が不可能 65●原発の廃絶を 66●電力万能神話からの解放 66●オール電化から「非電化」「適正電化」へ 67

5　貪欲からの離脱 68

足るを知る 68●「ジャンプ」してみよう 69

6　超エコ生活モード的快楽 71

天・地・人と遊ぶ 71●輪リン涅槃 73●散歩もおすすめ 74●オシャベリングと言葉遊び 75●生の世界と触れ合う 77●エコロとココロの視点でスポーツを楽しむ 77●なんでも楽器にしよう 79●可能性を信じる 80

7　みんな仲よく、みんな楽しく 81

まわりの人たちの幸せを願う 81●幸せを乱すもの 81●争いも引き起こしてきた宗教や思想 82●必要なものだけ残す 83●やすらぎを与える言葉 84●平和・平安を意味するＳ・Ｌ・Ｍ 85

【付録１】超エコ生活モードが注目する活動 88
【付録２】超エコ生活モードがおすすめする本 92

おわりの一歩 100

若者によるあとがき 102

はじめの一歩

　はじめは、若い人たちにメッセージを伝えたいと思いました。若い人たちこそが未来をつくると考えたからです。

　しかし、思いを伝える言葉を選ぶだけでも、わたしにはとてもむずかしいことでした。また、若い人たちが社会の中心を担う前に、急いでしなければならないことがたくさんあります。自分たちの責任で、いまのおとなたちが……。

　そこで、おとなたちへのメッセージを第一にと考えました。一方で、そう考えつつも、「若い人たちへも伝えたい」と考えがゆれ動きます。何度も頭をひねっていると、若い友人シマッチがヒントを与えてくれました。

　「両方いっしょに考えてみたら」

　ひとつの作品で二つのタイプの読者にメッセージを投げかけるというのは、出版の常識からはタブーかもしれません。でも、異なる世代間の話し合いへの素材提供という意味では、このタブーを逆に利用してみるのも一案かなと考えました。

　この本でお伝えしたい内容を一言で言い表せば、わたしたちの「青い鳥」はすぐ近くに住んでいるということです。「超エコ生活モード」(SELM = Super Ecological Lifestyle Mode) の提案が、いまある、すぐ近くの幸せを見つけるきっかけになればいいと思います。

まだ若いつもりの 60 代のコーシンジャー

超エコ生活モード(SELM)とは

　地球環境の危機が叫ばれて、すでに久しくなりました。

　電気のスイッチをこまめに消したり、水道の栓をしっかりしめるといった、「できるところから始めましょう」という呼びかけをよく耳にします。これは、耳に響きのいい、やさしい言葉です。

　しかし、危機のひとつである地球の高温化[1]をとってみても、事態は加速度的に進行しています。台風や熱波などが巨大化し、被害は毎年のように大きくなってきました。また、高温化の解決手段のひとつとしてよく論じられる原子力発電は、核兵器と同様に壊滅的な危険を伴っています。それは、東京電力福島第一原子力発電所の大事故によって、誰の目にも明らかになりました。

　この本で紹介していく超エコ生活モード(SELM)では、「できること」の「ジャンプ」をしてみます。

　「えっ、できるのかな？ えっ、そんなこと！」と思われる提案があると思いますが、試しにやってみましょう。すると、意外にも多くができることにお気づきになるかもしれません。

　たとえば、テレビを押し入れにしまってみませんか？　何日くらいテレビを見ないでも平気でしょうか？

　しばらく、ガマンしてみてください。すると、変化に富む雲の形や色、実にさまざまでドラマチックな夕焼けの色彩、月の色調の変

---

[1]「温暖化」という言葉には「より住みやすい世界に向かう」語感があるので、不正確さを承知で「高温化」とした。なお、「CO_2温暖化説」には近年、反対論が広まりつつあり、IPCC(気候変動に関する政府間パネル)の科学者への批判も提起されている。とはいえ、そうした反対論も都市をとりまくヒートアイランド化や高温化は否定していない。ここでは地球全体の高温化論争には深入りせず、少なくとも地球のかなりの地域(おもに都市周辺)が高温化している、という前提で議論をすすめる。

貌や風の強弱、そしてそれに応じて微妙に変わる自らの心と身体などがよくわかるようになるでしょう。

　雲も夕焼けも、そして月も風も、天性の芸術家です。超エコ生活モードを試みれば、大空のキャンパスが毎日すてきな絵を描いたり、音色を響かせたり、香りを届けてくれていることが、これまで以上にわかると思います。超エコ生活モードは、そうした再発見と再創造への旅のきっかけをつくってくれるでしょう。何種類もの「青い鳥」たちが、すぐ近くでわたしたちを待っています。

　わたしたちは常に2つのことを考える必要があります。それは、「未来」と「世界」です。

　言い方を変えれば、ひとつは、子孫たちのために、化石資源をできるだけ使わず、廃棄物も完全にリサイクルできるもの以外は出さ

ない、ということ。もうひとつは、資源を世界中の人びとが均等に使うということ。そのために、とくに先進国の中間層以上の人びとは自らの資源消費を削減すべきです。常に将来の人びとと世界中の隣人に、わたしたちの目を注ぐ必要があると思います。

　超エコ生活モードは、自らと周辺を点検し、「知足」(過剰を求めず、満足することを知る)するための、もっとも簡単な手引きです。そして、その結果、3つの神話から卒業できるでしょう。

　まず、経済が成長し続けなければ豊かになれないという神話です。

　次に、限りなくモノやサービスを増やすこと(大量に資源とエネルギーを浪費すること)が幸せにつながるという神話です。

　そして、電力万能の神話です。

　資源とエネルギーを電力に変換しなければ便利な生活が送れないという強迫観念から自由になりましょう。電力の使用は、通信やIT技術などのように電力以外ではどうにもならない場合に徐々に限っていくべきです。そよ風や太陽光を直接に心から味わい、使うことから、生活を見直してみませんか。

　この点からみれば、風力発電や太陽光発電、地熱発電もあくまで補助的であるべきです。わざわざ風を電気に変えて扇風機やクーラーを動かしたり、太陽を電気に変えて暖房や温水に使ったりするのでは、意味がありません。地熱にしても、発電の前に温泉そのものを利用して健康に寄与するのが本来の順序です。そして、冬の避寒や夏の避暑に十分な時間と経済的余裕をとれるように社会システムを変えれば、エネルギー浪費が減らせと思います。

　身近な「青い鳥」に気づくために、超エコ生活モードを手がかりにしてみましょう。

I いま若い人びとへ

　千葉県松戸市に住んでいる姉弟、高校1年生のコロロさんと小学5年生のエコロくんは、近所に住むコーシンジャーの家を訪れることにしました。
　コーシンジャーは環境問題についてさまざまなことを考えて実行し、地元ではそこそこ知られている人です。珍しい本や古い映画のDVD、たくさんの国の置き物やおもちゃもあって、近所の子どもたちは、ときどき遊びに行きます。
　ココロさんとエコロくんも、友だちと何度か行ったことがありました。今回の訪問は、エコロくんが学校で、『環境を守るために工夫していること』という宿題を出されたためです。ココロさんは、日ごろから台所のごみの始末や料理の材料から環境問題に関心をもっていたので、同行することにしました。
　エコロくんは最近友だちと映画を観にいったとき、1960年ごろのテレビが白黒だったのに驚き、テレビについてもいろいろ知りたいと思っています。

1 楽しかったあのころ

　久しぶりにコーシンジャーの家を訪れた、ココロさんとエコロくん。最近たまたま読んだ新聞に気になる記事があったので、早速エコロくんが尋ねました。
　「コーシンジャー、昔のテレビってカラーじゃなかったって、ホント？」
　コーシンジャーは少し驚いたようでしたが、ゆっくりとこんなことを話してくれました。
　——おじさんが生まれた1948年は、まだテレビ放送は実験中のレベルだった。日本で初めて実際の放送が始まったのは1953年で、おじさんが4歳のときなんだ。当時テレビはとても高くて、約20万円。大学卒業生の初任給が1万円少々だったから、1年分の給料を上回っていたんだよ[1]。
　それでね、昔はカラーじゃなかったっていうのはホントさ。初めは白黒テレビだった。カラー放送がスタートしたのは1960年、カラー放送を見るのが当たり前になったのは1970年代なんだ。おじさんの家にテレビが入ったのは1961年で、小学校6年生のときだった。もちろん、カラーじゃなくて白黒。カラーテレビは21インチで50万円以上したから、一般家庭じゃとても手に入らなかったなぁ〜。
　この話を聞いたココロさんは、昔の人たちがなんだかかわいそうに思いました。子どものときに、古い映画みたいな映像で、まるで白と黒だけしか映らない犬の眼から見た世界のような、色のないテレビを観ていたのだと考えたからです。
　エコロくんは続けて尋ねました。

1 楽しかったあのころ

「ねぇねぇ！ゲームはなにやってたの？」

――おじさんたちのころのゲームは、メンコとかビー玉だね。エコロくんたちがやるようなゲームに近いものは、1970年代後半からかな。『インベーダーゲーム』[2]って聞いたことない？ 侵入してくる将棋の駒のような敵を射ち落とすだけの、テーブルに組み込まれた単純なゲームで、当時は喫茶店でやってたよ。そのころは、もうおとなだったけどね。

「テレビとゲームがなくて、子どものころは楽しかったの？」

――もちろん！ 毎日楽しかったよ。そうだなぁ、よく近所を探検しにいったよ。原っぱで野球、道路でバドミントン、それに相撲もやった。それから、自転車で近くを走り回ったり、道端でかくれんぼや鬼ごっこしたり、だるまさんがころんだ、たんす長持っていうのでも遊んだな。だいたいは、原っぱや川原、公園、路地、神社の境内で遊んでたかなぁ。

「だるまさんがころんだとかたんす長持って、知らない」

――だるまさんがころんだは、鬼ごっこの一種だよ。鬼以外は鬼が後ろを向いて『だるまさんがころんだ』と言う間以外は動けないとか、鬼は自分の陣地からは動けないとか、いろんなルールがあって面白かったなあ。たんす長持は2組に分かれて一列に向かい合って並び、『たぁ～んすながもち♪』と歌いながら、片方の組が『あの子が欲しい♪』って言って、メンバーのやり取りをするんだ。「花いちもんめ」が一般的だけど、コーシンジャーが育った富山県では「たんす長持ち」って言った。

---

1) 1955年度の大卒初任給は、男子1万2907円、女子1万1489円。1953年にシャープより発売された国産第1号の白黒テレビ(14インチ)は17万5000円。
2) 1978年に発売された「スペースインベーダー」をはじめ、その後継・類似商品を総称して、インベーダーゲームと呼ぶ。インベーダーは、侵略者・侵入者という意味。

「楽しそうだな〜。だけど、道路で遊んで危なくなかったの？」
——いやいや、当時はそんなに危なくなかったよ。クルマが多くなかったから。たまにクルマがきたら、バドミントンはいったん休み。通りすぎたら、また始めてたよ。クルマだって、子どもたちが遊んでいたら、停まったり、ゆっくり走ってくれたからね。
「怒られなかったの？」
——うん。みんな、そうしてたからね。じゃあ、エコロくんは何して遊んでるの？
「かくれんぼとか鬼ごっこは、やってるよ。サッカーやバスケなんかも、マンションの中庭とか駐車場でやってる」
——コンクリートは危ないな。原っぱや公園でやればいいのに。
「今は原っぱなんてないよ！ それに、公園はボール遊び禁止がほとんどだし」
——えっ、それじゃ外で遊べないじゃないか！ どこでどんな遊びをしていいかというルールを決めないと、家の中でしか遊べなくなっちゃう。
「なんとかしてよ、コーシンジャー」
——そういえば、おじさんも最近気がついたんだけれど、デパートやアパート・マンションの屋上も、入れないところが多いね。
「今はデパートの屋上って、ほとんど駐車場だよ」
——そうなの？！ 昔はデパートの屋上によく遊園地があって、小さいころは両親と遊んだよ。それから、展望台のようになっているところもあった。ぼんやりと景色を楽しんだり、友だちと話したり、気分を変えたいときにちょっと立ち寄るのにいい場所だったのになぁ。
「ぼくは、ゲームもケータイもやるし、テレビも大好きだけど、公園や川原でいろんな遊びもしたいし、屋上から景色も眺めてみたい。昔いなかのおばあちゃんちで見た、たくさんの星をここでも見たいなぁ」

――そうだよね。最近は同じ景色ばかりで、まちで楽しいことを発見できなくなってるね。おじさんが子どものころは、一日だって同じ景色はなかったよ。人にとって大切なことは、持っているモノが多いか少ないかではないと思うんだ。みんなが楽しく過ごせるかどうかが、とても重要なんじゃないかな。もっと人と自然、人と人がふれあって、楽しみあえるように、身のまわりの生活を少しだけ見直してみないかな。

2　しっかり味わい、よく歩く

　コーシンジャーの家を訪れたココロさんとエコロくん。しばらくして、少しためらいがちにココロさんが言いました。
「どうしようコーシンジャー、わたし最近太ったかも」
——言われてみれば、そうかな。でも、ほとんど変わらないと思うよ。
「朝も昼も夜も、一日三回いっぱい食べちゃってるんです」
——規則正しく、しっかり食べることは、とても大切だよ。それから、何をどうやって食べるかもね。
「その点は大丈夫。お米とパン、野菜、魚、肉をバランスよく食べてるから。おやつだって、甘いものを食べすぎないようにしてます」
——よくかみながら、ゆっくりと楽しい気持ちで食べよう。そして、お米や野菜などを育てる農家の人たちや料理した人たちの顔を思い浮かべながらよく味わって食べると、よりおいしいよ。
「いろんなものを好き嫌いなく食べています。両親に、いつもうるさく言われてますから」
——そうかそうか、ゴメンね。最近は放任している親が多いみたいだからさ。コーラとかジュースはよく飲む？
　エコロくんが、すかさず答えました。
「コーラ大好き！」
——そうか、おいしいよね。でも、コーラには糖分がとってもたくさん入っている。350mlのコカ・コーラ缶で、1個7gの角砂糖5〜6個分も！[3] アメリカでは食生活が原因の肥満が大きな社会問題になり、エコロくんたちが好きなハンバーガーのマクドナルド社は多くの人たちから批判を浴びている[4]。これに対して、マクドナルド社は片っ端から、その人たちを裁判で訴えているんだよ[5]。
　ココロさんが、首をかしげながら聞きました。

「そんな有名な会社が悪いことしているの？」

——アメリカ人は60％が肥満で苦しんでいるらしい[6]。肥満と病気は関係が深いからね。以前はおとなだけの病気だった胃潰瘍とか、糖尿病[7]や高血圧のような生活習慣病は、いまは子どもたちもかかってる。企業側も、ダイエット用やカロリー・ゼロ商品など多少は対応を考えているようだけれど……。

「わたしたちのお父さんは糖尿病です。とっても辛そう……。生活習慣病にならないためには、どうすればいいの？」

——ふだんから身体を動かすことだね。もちろん、好きなスポーツを楽しむのもいい。でも、実は、すごくカンタンな方法があるんだ。それは、歩くこと、走ること。そして、乗らずに昇ること。ココロさんは、エレベーターやエスカレーターを使う？

「うん。駅やデパートでね。あっ、うちのマンションにもあるから、ほぼ毎日使っているわ。学校にもあればいいのにな」

---

3) 350ccのコーラ類に含まれる糖分は約35gで、ほぼ10％を占め、角砂糖（1個約7g）5個分に相当するという（山口市科学研究発表会、1996年）。厚生労働省は1日あたりの砂糖の摂取目標値を20gとしており、多くの清涼飲料水は1本でこの基準を超える。

4) コーラやハンバーガーのような飲食物はジャンク・フード（がらくた食品）とよばれ、多くの批判があるものの、増加を続けている。A・ファザール著、日本消費者連盟編訳『ジャンク・フード——国際消費者運動の新しい波』学陽書房、1982年。

5) ケヴィン・トルドー著、黒田眞知訳『病気にならない人は知っている』幻冬舎、2006年。エリック・シュローサー著、楡井浩一訳『ファストフードが世界を食いつくす』草思社、2001年。

6) 2009年のOECDの報告によれば、15歳以上の高度肥満（肥満指数（BMI）30以上）だけでもアメリカは31％で、先進国で群を抜いている。ヨーロッパでの最多は英国の23％、最少がノルウェーの8％である（なお、日本と韓国はいずれも3％）。

7) 東洋人はインスリン分泌の予備能力が低く、ちょっとした肥満でも糖尿病になりやすい。12歳（小学校6年生）の肥満頻度は1970年には3％だったが、鳥取大学医学部の花木啓一教授によれば、2000年以降は10％に増加している（『産経新聞』2010年3月17日）。

2 しっかり味わい、よく歩く

――わぉ！ 毎日か。すごいね。エスカレーターやエレベーターに乗らないで、階段を昇るようにするといいよ。少し食べすぎても、まったく問題なくなるよ。ちゃんとした歩き方をすれば、疲れにくい。

「どんな歩き方ですか？」

――首をまっすぐにして遠くを見る。背を伸ばして、お腹は出さない。手は軽く握り、軽く振る、歩幅は広めに。モデルさんの歩き方も参考になるかもね。足も身体全体も、スリムになるよ。

「スリム?! ホントに？ やってみます！」

——今年100歳になる、いまも現役の、有名なお医者さんがいるんだ[8]。その人は、エレベーターを使わず、いつも階段を昇るように意識しているんだって。ココロさんもいまから始めれば、元気いっぱいで100歳まで過ごせるかもしれないね。

「長生きかぁー……コーシンジャーは長生きしたいですか？」

——ココロさんにはまだ先の話だから、イメージしにくいかもね。でも、毎日が元気で楽しく幸せだったら、ずっとこの生活が続いてほしいって思うんじゃないかな。だから、なんとか健康な62歳のぼくにとっては、長生きしたいって思うことがとても大切なんだ。

「階段昇ってるんですか?! わたしも駅でやってみようかな……」

——重い荷物がないときは、5階までなら階段を使うよ。

おとなしく聞いていたエコロくんが大きな声で言いました。

「重たい荷物を持っている人がいたら、運んであげるんだ！」

——エコロくんはやさしいね。『荷物持ちましょうか？』って親切に言われるだけでも、すごくうれしいと思うよ。

疲れたくないからといって、歩いたり走ったりしないと、身体が自然とそれを避けるようになる。すると、ますます、歩いたり走ったり昇ったりしたくなくなる。そして、身体がますます……悪循環になっていくんだ。

「ふだんから、歩くだけでもいい運動って思えば、心も身体も健康になれるってわけですね」

——そのとおり。あと忘れちゃいけないのは、食べものや飲みものと睡眠。よく寝て、よく食べて、よく動く。これを意識するってことが一番のポイントかもね。

「はい。とりあえず、きょうから一週間は階段を昇ってみます！」

---

8) 日野原重明さん。1911年10月生まれ、聖路加国際病院名誉理事長。著書は200冊を超えるという。

3 クルマはほどほどに

　今度は、コーシンジャーがエコロくんとココロさんに尋ねました。
　——家にクルマはあるでしょ？
　「はい、2台あります」(ココロ)
　——クルマって、やっぱりあると便利かな？
　「そりゃ、もちろん！」(エコロ)
　——たとえば、どんなふうに？
　「やっぱり速さかな！　窓からの風も気持ちいいよね」(エコロ)
　「あと、お母さんが買い物で荷物が多いとき、運ぶのに便利です。自転車や歩きでは大変ですよ」(ココロ)
　「それに、買い物に行くとき、友だちに顔を見られると恥ずかしいけど、クルマなら隠れられるからね！」(エコロ)
　——ハハハ。何も恥ずかしがることないと思うけどな。
　「まだまだあるよ。夏はクーラーがよくきいて涼しいし、冬はすっごく暖かいとか」(エコロ)
　「電車だと、降りてからまた歩いたり、バスに乗り換えたりで、疲れちゃうし」(ココロ)
　——あれれ、さっきは歩くようにするって言ってなかったっけ？
　「クルマは別だよ。だって、着いた先で歩けばいいじゃん。クルマの中でみんなで話したり、音楽を聴いたり、すっごく楽しいんだ」(エコロ)
　——じゃあ、逆にクルマの悪いところはあるかな？
　ここで、エコロくんもココロさんも少し考えてみました。
　「うーん……。でも、なにがあってもクルマに乗らないなんて無理だよ。クルマの悪いところって、危ないってこととガソリン代が

高いことじゃない？！」（エコロ）

　ふと見ると、ココロさんはいまにも泣き出しそうな顔をしています。そして、こう言いました。

「一年くらい前、友だちのお母さんが歩道を歩いていて、交通事故で大けがをしてしまったんです。運転手が居眠りをしていたせいで。何カ月も入院して、やっと退院できたけど、いまも身体のあちこちが痛むし、モノ忘れが激しくなったんだって。その友だちが学校のことを話しても、すぐに忘れちゃうみたいなんです」

——お母さんも大変だし、お友だちもこれから大変だろうね。交通事故にあう人は、日本だけで年間100万人近いし、世界では数千万人になると思う。ピーク時の1970年には1万6765人も亡くなっていた。最近、死傷者の数は減ってきているけど[9]、後遺症や障害、それに事故の連想など不安に苦しむ人たちは後を絶たない。以前は『交通戦争』っていう言葉がよく使われていたんだ。

「居眠りしちゃったり、よそ見する人が多いってこと？」（エコロ）

——もちろん事故を起こすのは論外だけど、事故に巻き込まれるのもどうすることもできない。クルマを中心とした交通システム[10]は、数多くの悲鳴と犠牲のうえに成り立っているんだ。

「事故を起こしたり、事故に巻き込まれてからじゃ、手遅れだもんね。将来クルマを運転して、人を傷つけてしまうかもしれないと

---

9) 2008年の日本では、死亡者5155人、負傷者94万4071人。2009年に初めて報告された世界保健機関（WHO）のウェブサイト「道路交通による傷害」（Road traffic injuries）では、世界の交通事故による死亡者数は130万人、負傷者数は2000～5000万人と推計されている。

10) 2009年度の四輪車生産台数は全世界で約6100万台。トップは中国の約1380万台で、日本約790万台、アメリカ約570万台、ドイツ約520万台と続く。また、保有台数(2008年現在)は全世界で約9.7億台。アメリカがダントツのトップで約2.5億台、2位以下は、日本約7600万台、中国約5100万台、ドイツ約4400万台、イタリア約4100万台と続く。今後、自動車生産でも中国が世界をリードしていくだろう。

3　クルマはほどほどに

思うと……」(ココロ)
——この現状をどうしたらいいのか、みんなで考えてみる必要があるね。

すると、ココロさんが尋ねました。
「排気ガスって、やっぱりヒドいんですか？」
——昔よりは改善されたけど、地球高温化や健康への影響は少なくない。日本のCO_2排出量の17％はクルマなんだよ[11]。
「えー！　エコカーのCMをよく見るから、排気ガスはもう心配ないんじゃないの」
——そうとも言えないんだよ。エコカーとはエコロジーカーの略で、無公害車(CO_2のような温室効果ガスをまったく出さない)と低公害車(温室効果ガスを大幅削減)の２タイプがある。どっちも値段が高くて、なかなか手を出せない。また、エコカーとして電気自動車を利用すると、結局、動力用の発電の際に排気ガスや排熱を出してしまうし、ガソリンスタンドの代わりとして使われるＥＶ充電スタンドで電気を供給しなければならない。しかも、製造するために大量のエネルギーを必要とするんだ。車を共有(シェア)するなどして、車の台数そのものを減らすことが大切だと思うな。
「そうかぁ、造るときにもCO_2が出るのか」
——それからね、エコカーに買い替えると、それまで使っていた、十分に乗れるクルマが途上国へ次々と運ばれていく。日本ほど車検や排気ガス規制が厳しくない国が多いんだ。古くなった車が甘い管理のもとで走ると、事故や健康への影響を及ぼす可能性が高まってしまう。

二人の口が自然とそろいました。
「知らなかった」
——クルマが環境や生活に与えるマイナス面は、ほかにもたくさんあるよ。ガソリンや軽油(ディーゼル燃料)の大量消費、騒音、交通

3 クルマはほどほどに

渋滞、道路や駐車場の建設によるまちのコンクリート化と緑の減少……。クルマの増加と生活習慣病の急増も関係が深いといわれている。

「でも、エコカーなら問題は少ないんじゃないの」

エコロはちょっと納得できません。

——残念ながら、そうはいえないんだよ。エコカーは、ガソリンの代わりに電池を使うよね。その電池を製造するためには、リチウムなどのレアメタル(希少金属)が必要になる。いまは石油の奪い合いが起こっているけれど、これからはレアメタルをめぐる争いが起こるかもしれないよ。

「エコカーでも安心できないなんて、問題が山積みのよう」

「なんとかなんないの、コーシンジャー」

「『クルマは便利だから』って言ってる場合じゃないのかな」

——そうなんだ。便利さの裏側も考えないとね。それに、クルマの使用をほどほどにしないと、『100歳まで元気で』なんて言ってる場合じゃなくなっちゃうんだ。ほどほどにするためにも、歩くという行為を少しずつでも取り戻しておかなくっちゃね。

「わかったよ。どうしてもクルマが必要なとき以外は、歩くようにするよ。ココロ姉ちゃんの友だちのお母さんみたいな人が、増えないようにね」

——そろそろ真剣にクルマと向き合わなければならないときがきているのかもしれないな。

---

11) エコドライブ普及推進協議会によれば、日本の2009年度CO_2排出量約11.5億トン中、運輸部門が20%を占める。そのうち88%が自動車によるもので、自家用車がその50%だ。

4　自動販売機さん、さようなら

　きょうは３人で近所を散歩しに出かけました。すると突然スキップしながら、エコロくんがしゃべりだしました。
「学校でね、この前コーシンジャーから聞いたクルマの話をしたらね、みんな『じゃあ、もう、ドラえもんの、どこでもドアしかないじゃん！』って言ってさ。それからは学校の行き帰りになると、いつも、どこでもドアが欲しいなぁーって思っちゃうんだ。コーシンジャーも欲しいと思わない？」
――すぐに行きたいところへ行けるし、環境にも負荷は少なそうだし、もしあったら恐ろしいくらい便利だよね。まぁ、時空を行き来するのはマズいけどね。
「どこでもドアがあったら、わたし絶対太っちゃう」
　ココロさんは心配しますが、エコロくんは楽観的です。
「大丈夫だよ！　ジムとかスポーツ広場にだって、すぐに行けちゃうんだから。あー、なんて理想的な生活なんだろう」
――理想的な生活か……なんだか、自動販売機のことが頭に浮かんじゃったな。この前話したコーラにも関連するけど、甘い話にはたいてい裏があるよね。
「コーラとかは飲みすぎると健康によくないってことは、わかったよ。でも、自動販売機の裏って？」
――そんなにのどが渇いていなくても、自動販売機やコンビニで飲みものを見ただけで欲しくなることはない？
「よくあるよ」（エコロ）
「ときどきあります」（ココロ）
――不思議だと思わない？　なぜかなあ？
　二人は考え込んでしまいました。

——人間の心にはね、サブリミナル（subliminal）効果というのがはたらくんだ。テレビや映画って、いくつもの画面がつながってできているでしょう。その中に、人間の視力では感じ取れないくらいのごく短い時間だけ、たとえば飲みものを登場させてみたら、どうなるかな。繰り返して入れても、ほんの瞬間だから、見ている人は気づかない。ところが、いつのまにかその飲みものが心の中に刷り込まれてしまうんだね。

「それって、恐いことみたいですね」（ココロ）

——だから、テレビや映画ではこうしたやり方は禁止されている。でもね、あらためて考えてみると、テレビのコマーシャルでは堂々と飲みものやクルマの宣伝をしているでしょう。イメージが刷り込まれているという点では、よく似てるよね。

「あっ、自動販売機を見ただけで、いつもテレビで見ているコーラを思い出すことあるよ」（エコロ）

——わたしはテレビを見ないから、本当にのどが渇いたと思うときに水筒から水を飲む。けれど、いつもテレビでコーラをおいしそうに飲むシーンを見ている人は、それを思い出して、つい自動販売機におカネを入れてしまうというわけなんだ。

ところで、自動販売機で飲みものを買ったら、必ず空き缶や空きビン、ペットボトルが残るよね。これらはどうなると思う？

ココロさんがすぐに答えます。

「リサイクルされるって、学校で教わりました」

——たしかに、リサイクルされている割合は高い[12]。でも、エコの象徴のリサイクルも、実はCO_2を排出する。しかも、ペットボトルは再利用するわけではない。これがビンとの違いなんだ。もう

---

[12] PETボトルリサイクル推進協議会によれば、2009年のペットボトル販売量は56.4万トンで、その回収率は77.5％（ヨーロッパは48.4％、アメリカは28.0％）。

4 自動販売機さん、さようなら

一度加工するための燃料が必要で、結局 CO_2 を排出するんだよ。
「えー！ そうだったの⁉ なんかだまされた気分」
——それから、自動販売機そのものが毎年40万台程度[13]ごみになってるんだ。
「そういえば、日本は自動販売機の数がすごく多いそうですね[14]。テレビで見ました」
——そう、人口あたりで比べると、アメリカやヨーロッパより圧倒的に多いんだ。それと、冷やしたり温めたりするための電気の使用量も気になるよね。夜もずっと動いているわけだから[15]。
「だけど、自動販売機も夜になったら電気をあまり使わないタイプがあるとか、エコになったって聞いたけど？」
コーラが大好きなエコロくんは、まだ納得できません。
——実は、そのエコっていう言葉そのものにも裏があってね。最近、原子力発電は CO_2 を出さないからエコだって、一部で言われるようになった。でもね、原子力発電は出力調整ができにくいから、電気の使用量の少ない夜間も動かしていなければならない。使用後の放射性廃棄物の処理も大きな問題で、まったく解決できていないんだ。
「そんなぁ……エコっていったいなんなの」
ココロさんは真剣に悩んでしまいました。でも、エコロくんは単純明快です。

「じゃあ、原子力はやめて、全部ソーラー発電にしよう！ お日様万歳」

——うん、自然の力を利用した太陽光発電や風力発電は大切だね。ただし、残念ながら、すべての電力をまかなうまでの発電量は、いまの技術と規模ではむずかしい。それに、エコカーと同じように、希少金属を使用しなければいけない。だから、そうした資源の奪い合いやソーラー発電用の機材生産の遅れにつながっているんだ。むしろ、消費電力量を減らそうと考えたほうがいいね。

「そうかぁ。テレビっていいことばかりしか言ってないんだね」

——少なくとも、自動販売機が地球環境にいいことは、まったくないからね。

「そんなに環境に悪いのに、どうして日本にはたくさんあるんですか？」

——それは、みんなが買っているからだよ。

「でも、よく考えると、どうしても必要なモノではないです。コーラやジュースもタバコも身体によくないし。それなのに、ついつい買っちゃうんだ」

——のどが渇いたときはおいしいと感じるから、つい飲みたくなっ

---

13) 「どうしたらへらせる？ 飲料自販機」自販機へらそうキャンペーン キック・オフ・セミナー、2011年5月20日。

14) 日本の自動販売機の普及台数は約520万台（日本自動販売機工業会のデータ、2010年度末現在）、そのうち飲料自動販売機は49％を占め、約259万台だ。1年間の売上金額は約5.4兆円にも及ぶ。外国で調査が実施されているのはアメリカだけで、普及台数は約714万台、年間売上は約4.0兆円。ヨーロッパには公式統計はないが、欧州自動販売機協会などによれば飲食用約380万台と推計されている。なお、アメリカの人口は日本の約2.5倍、ヨーロッパの人口は約6倍だ。

15) 清涼飲料水用の自動販売機（18本タイプ）の消費電力は465〜490W。洗濯機が395W程度なので、それほど大きくないと思われがちだが、24時間フル稼動していることを考えれば、決して小さくない。

ちゃうけど、どうしても必要なとき以外は控えることが肝心だと思うな。
「学校や塾の帰りに、ガマンできるかなぁ」
——それは、なかなかできないよね。いまは欲しいモノはすぐに買える時代だし、自動販売機が『こっちにいらっしゃい』とばかりに、光ったり、しゃべったり、カラフルだったりして、存在をアピールしているから。まるで、赤頭巾ちゃんに声をかける、おばあさんに化けたオオカミのようだ。あ、古いたとえで、わからないかな？「飲みたい」という思いを無理に自分にガマンさせるのではなくて、数を減らす仕組みを考えて、そんな思いを起こさせなくしていくことが大切なんだ。
　ヨーロッパは、自分たちが住む地域の景色や町並みが過剰な広告・宣伝によって壊れるくらいなら、余計なものは建てない・造らないという意識があるみたいなんだ[16]。それが、自動販売機の少なさにつながっているという面も、あるんじゃないかな。
「地域の景観も自分たちで話し合って決めているんですね」
　ココロさんは、初めて聞いた話が印象に残ったようです。一方エコロくんは、自動販売機が許せなくなってきました[17]。
「そんなことより、必要ないモノまで買わされているなんて、サギだよ！」
——日本では、まだ大きなビルや施設の建設が経済発展のために必要だと言われている。だけど、わたしたちおとなも、きみたちも、本当に必要なものと、そうではないものを分けていかないといけないと思う。なんでも「ホントに欲しいのかな」と立ち止まって考えてみることが、心と身体の健康につながるかもしれないよ。
「機械って便利だけど、きちんと使いこなせていないのかもしれないですね」
——そう、機械は必ずいつかは壊れる。また、石油や天然ガスなど

の地下資源には限りがある。だから、機械や地下資源に依存して生きていると、将来が危ないよね。みんなが"ほどほど"をめざして、生活をスリムにしていきたいね！。

「わかった。これからは自動販売機は使わないで、コンビニにしよう」

——ハッハッハッ、エコロくん。数は自動販売機ほどじゃないけれど、コンビニも同じような問題があるんだよ[18]。

「でも24時間やってて、一年中休みもないし、とても便利だよ」

——その、便利がくせものだな。やはり電力を大量に使うし、賞味期限が切れた食べものは十分に食べられるのに捨てられてしまう。働いている人の労働時間は長いし、店のオーナーは利益の一部しかもらえなくて、本社ばかりが儲かるようになっているとも言われているんだ[19]。こう考えると、コンビニは自動販売機にはない問題もたくさんあるね。コンビニを「大きな自動販売機」と考えて、利用の仕方を見直してみよう。

---

16) ヨーロッパの主要国では、法律や都市計画で景観の保全が定められている。ドイツでは、屋根の傾斜や材料、窓の形などが規制されている地域もある。ヨーロッパを旅行した日本人からは、「ヨーロッパでは自動販売機が非常に少ない」という話をよく聞く。これは、路上や公園などの屋外にはほとんど置かず、大部分が会社内、駅や空港などの公的場所に置かれているからだろう(欧州自動販売機協会のホームページ参照)。これも、景観を守ろうとする姿勢の現れといえる。

17) ただし、店が少ない過疎地では、自動販売機が役に立つ場合もある。

18) 経済産業省の商業統計の分類では、飲食料品を扱い、売り場面積30㎡〜250㎡、営業時間1日14時間以上のセルフ・サービス販売店をコンビニという。JFA(㈳日本フランチャイズチェーン協会)の『統計調査月報』によると、2011年6月現在4万3541店、売上げは毎月約6000〜7000億円、年間約6兆円。1981年から87年にかけては29.8％も増加し、87年には3万6631店に達した。

19) 古川琢也、金曜日取材班『セブン—イレブンの正体』(金曜日、2008年)には、24時間営業の問題点などが述べられている。

5 便利さの裏側

　ある日コーシンジャーの家に、友人が訪ねてきました。中国人のリュウさんです。リュウさんは、ごみ問題を調査・研究しているNGO[20]に勤務しています。
——エコロくん、ココロさん、ちょうどよかった。中国の友人、リュウくんを紹介するよ。彼は小学校から高校まで日本で育ったので、日本語も上手にしゃべれるから安心してね。

　「どうも、はじめまして。リュウです。きょうはコーシンジャーに、中国と日本のごみ問題について話を聞きにきたんだ。今年で24歳だから、年齢がわりと近い二人に会えてうれしいな。よろしくね」
　「はじめまして、ココロです。環境問題とかNGOとか、なんかカッコイイですね」
　「いやいや、そんなことないよ。でも、世界中で出るごみをどう処理していくか、その解決策がないまま次々とモノを増やし続けるこの社会を、なんとかしたいんだ」
　「すごい意識ですね。わたしたちも手伝えることはないですか？」
　「そうやって、知ろうとしてくれて、とてもうれしいよ。実は、その気持ちこそがとっても大切なんだ」
　「はじめまして、弟のエコロです。じゃあ、さっそく質問なんですが、日本と中国はどう違いますか？」
　「いきなり大きな質問だね。そうだなー、日本は中国より優れた技術があるから、何かと便利だよ。たとえば、パソコンやケータイ、カーナビ、時計、テレビ……あらゆるモノがデジタルで動いている。中国ではまだ技術が追いついていない面があるし、都市と地方の格差が大きくて、不便さを感じることもある。ただ、デジタル

化が進んで、便利になった結果の裏側にある想像力の欠如はまだ少なくてすんでいるかな」

「便利さの裏側っていうと、ごみ問題もありますね」

「よく知ってるね、エコロくん。ひとつはズバリ、日本から入ってくるごみをどうするか。きみたちの使い古したテレビやパソコンなどが、中国にいっぱい流れてきているんだ[21]。中国の貧しい地域が、きみたちが使い終わって捨てた家電製品の最終地点になっているわけさ。ぼくは、それを何とかするために、久しぶりに日本に来ました」

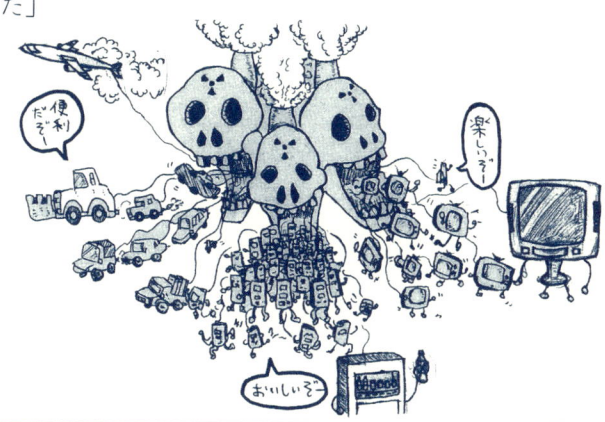

[20] Non Governmental Organization の略で、非政府組織という意味。おもに会員が払う会費によって運営され、環境、平和、福祉などの分野で、政府がカバーしきれていない課題に取り組む。

[21] 環境省で把握しているだけで、テレビの廃棄台数は2001～05年は300万台程度だった。その後は急増し、2009年に1054万台、2010年には1802万台に及んだ。2011年7月の地デジ化との関連が推察される。テレビはブラウン管のガラスに鉛が含まれていて、再利用がむずかしい。そのため、かなりの割合が「中古品」あるいは「循環資源」という名の「電子ごみ」(廃棄物)として輸出されている。輸出先で多いのは中国とインドだ。たとえば広東省の汕頭市郊外は、21世紀に入って「電子ごみの村」として知られるようになった。村の解体作業工場では異臭がたちこめ、鉛や水銀などの有毒物質が大気中に放出されている。地下水の汚染が心配されるが、被害の実態ははっきりしていない(DVD『世界をめぐる電子ゴミ』(アジア太平洋資料センター制作、2011年)を参照)。

6 自分の頭で考えよう

　リュウさんが話を続けます。
　「便利になりすぎることのもうひとつの問題は、脳を使わなくてすんじゃうことだね。たとえば、カーナビで道を調べれば早くて正確かもしれないけど、道を覚える必要がなくなるし、地図の見方もいつまでもわからない。もし機械が間違えても、機械の性能が悪いんだって思い、自分で考えなくなっちゃうんだよ」
　「そういえば、ぼくも夏休みの宿題をズルして、インターネットからコピー・ペーストしたときがありました。ところが、その宿題で何をやったか思い出せません。気をつけないと、機械なしでは何もできないおとなになっちゃうかもしれない」
　「考えなかったら、勉強にならないわ。だけど、いまはインターネットで何でもわかっちゃうから、必要なときに検索すればいいやって、すぐに思っちゃう」
　3人の話を黙って聞いていたコーシンジャーが言いました。
　——自分で考え出した答えは、それが成功であれ失敗であれ、成長するのに欠かせないものなんだよ。
　「でも、やっぱり失敗するのはこわいよ。だって、怒られるし、恥ずかしいし、自分に自信がもてなくなっちゃうんだ」
　——うーん、それは困っちゃうなぁ。じゃあ、エコロくんが好きなプロ野球の例をあげてみよう。プロ野球選手たちは、10年以上ほぼ毎日野球をし続けているよね。でも、ピッチャーが登板してヒットを1本も打たれないわけにはいかないし、バッターも全打席ヒットなんて絶対に打てないじゃないか。彼らは、子どものころから毎日練習を頑張ってきた人たちから、さらに選ばれた一握りの選手だ。そんなエリートでさえ、多くの失敗をしながら、それを次に活

かして成功の数を増やそうと、常に努力して成長しているんだよ。
　リュウさんが付け加えました。
「失敗をどう次の成功につなげるか、気持ちの切り替えが一番大事かもね」
「そして、自分で失敗の理由を考えることが大事なんですよね。ごみ問題も、これからどうすればいいかをわたしたち自身で考えないとね」
「そのとおりさ。どうして？　と常に疑問をもち続けよう。こうやってみんなで話をすると、一人じゃわからないことが理解できるし、勉強になるし、楽しいね。ぼくも日本で、いろんな人といろんな話をしていきたい」
「きょうはリュウさんとも話せて、とても楽しかったです」
「あー！　ココロ姉ちゃん顔が赤くなってるよ」
「えー、うそー！？　どうしよー、もー、やだー！！」
「ぼくも二人と話せて楽しかったよ。中国にも遊びに来てね」
「はい！　でも中国にリュウさんのような方がいるなんて……。わたし的には、ちょっと意外かも」
　――中国は、冷凍餃子中毒事件[22]や偽ブランド品の販売[23]などがあって、あんまりいい報道をされていないからね。餃子事件は食を海外に依存しすぎる日本の食生活が原因だし、偽ブランドは日本にも昔からあるのに。

---

22) 2008年に千葉県のスーパーで購入した冷凍餃子を食べた人が中毒症状で入院した事件。餃子は中国で製造され、輸入された。2年後に、「会社の労働条件などに不満をもち、いやがらせで毒物を混入した」という容疑者が中国で逮捕された。なお、中国からの食料品輸入額は、1988年度から2006年度の約20年間でほぼ4倍に急増した（06年度9300億円）。魚介類と野菜で半分以上を占める。こうした事件が起きるといったん減るが、しばらく経つとまた増える。

23) 有名なブランド品と似た商品が、ブランド品メーカーの承認を得ないで勝手に製造され、格安で販売されている。

「テレビの情報だけを頼りに、中国人はみんな悪いとか、初めから斜めに見てほしくないです。一人の人間として、正面から向き合ってほしいな」
　「はい。もし、わたしが日本人だからっていうだけで海外でバカにされたら、すごくイヤな気持ちになると思います」
　「そういえば、クラスにインドから来た子がいるんだけど、まだうまく日本語が話せなくて、みんなとあまり仲良くなっていないんだ。緊張するけど、あした『一緒に遊ぼう』って誘ってみようかな。なんか、いろんな人のこと知りたくなってきたなー」
　すかさずコーシンジャーが言いました。
　──じゃあ、手始めに身近にいる人と話しに行ってみようか。
　「そのときは、ぼくのように外国から来た人の話も聞いてね」

Ⅱ　わたしの超エコ生活モード

――ココロさん、エコロくん。若い人たちにいろいろ言っておいて、『じゃ、お前はどうなんだ』と言われそうですね。
　「そろそろ聞こうかなと思っていました」(エコロ)
　「エコロにしては珍しくタイミングを見てたのね」(ココロ)
　それじゃ、エコロくんの大好きなテレビのことから始めて、コーシンジャーの体験と暮らしの一端をお伝えしていきましょう。

1　テレビは見ない、クルマは乗らない、自動販売機は使わない

テレビ様に「さようなら」して45年

　わたしがテレビと「さようなら」したのは1967年3月のことです。わが家にテレビが運び込まれた1961年からの約6年間が、人生でわたしがテレビと共同生活をした期間になります。そのテレビは、仏壇と同じように押入れに鎮座。新来の神様か仏様のようで、「テレビ様」といってもよいほど大切にされ、1日に何時間も見たこともありました。

　1967年4月、わたしは大学進学のため上京します。昼は家庭薬の配置業で学費を稼ぎました。家庭薬配置業は、わたしの故郷であ

1 テレビは見ない、クルマは乗らない、自動販売機は使わない

る富山県発祥の伝統的な仕事です。日常的に使う薬（たとえば頓服や熊の胃など）を各家庭に置き薬として配り、3〜6カ月に1回ぐらい、その家を訪問します。そして、使った分の金額を集金して新しい薬に置き替えるのです。

その零細企業の社長宅の1室が、わが青春の居住空間となりました。故郷から持参したものは衣類と少々の書籍だけ。段ボール2箱がわたしの全財産でした。もちろんテレビはありません。

結局、過労で体調を崩して1年ほどで退社。その後は、木造アパートの2畳間や学生寮などに住みましたが、司法試験の受験勉強やベトナム戦争[1]に反対する運動などに忙しく、テレビを見る時間がないことはわかっていたし、見る気もあまりしませんでした。

卒業後の就職先は、開発途上国の技術者の研修を行う経済協力団体です。彼らが住む寮に一緒に住み込みました。ロビーにテレビは置かれていたものの、研修生と外出したり、お互いの部屋で文化や歴史、生活について話したりするほうが楽しくて、テレビを見た記憶はほとんどありません。

数年してアパートを借り、仕事だけに時間をとられるのではなく、社会全体に目を向けようと考えました。そして、職場の労働条件を良くするために労働組合[2]に加わったり、ベトナム戦争や環

---

[1] 1960〜70年代に起きたベトナムとアメリカの戦争。当時、南北に分断されていたベトナムの南側政府をアメリカが支持し、事実上支配して軍隊を送った。南側の反米派と北ベトナムが民族の独立・解放を求めて抵抗し、戦いは激化する。1975年4月、米軍が脱出し、ベトナムは解放された。

[2] 1950年代は労働組合の組織率が50％を超えたが、社会が物質的に満たされていくにつれて低下し、現在は20％以下である。その多くは民間大企業や官公庁系だ。民間大企業では、「御用組合」とも呼ばれる経営者寄りの組合が多い。働く人びとの立場に立たなかったため、魅力と意義が減じて、組織率も運動も低下した。若い人たちの集団行動を避ける傾向も、それを加速させている。ただし、21世紀に入って、雇用問題の深刻化とともに、労働組合を再評価し、仲間を募って経営者と交渉したり、社会を変革しようとする動きが起きてきた。

境破壊(当時は「公害問題」3)と呼ばれていた)に反対する市民運動などに参加していきます。そうした生活は活き活きとしていて楽しく、部屋で過ごす時間が少ないこともあり、テレビなしでも不便に思わない生活スタイルになっていました。

　このように、わたしの「テレビなし生活」の発端は、エコ的生活への強い決意というよりは、むしろ他の条件で決まったといえるでしょう。ただ、「ものを大切に」とか「もったいない」ということは、祖母や両親からいつも言われており、「必要なモノ以外は買わない」という気持ちは強くもっていました。また、1960年代後半からは公害問題が頻繁にメディアに登場したので、漠然とであれ「不必要なものを大量に造るから、資源を大量に使い、ごみも大量に排出される」と考えていたのは、たしかです。

　一方で、わたしは幼いころに2回も生命の危機に瀕しました。疫痢(赤痢に似ていて、子どもに多い)と大腸カタルです。大腸カタルのときは消化機能が働かなくなり、2軒の医者で見放され、3軒目で救われたと、母親から聞かされました。

　そうした経験のためでしょうか。国の内外で病気や貧困、戦争で苦しむ人びとのことを知ったとき、「どうして、地球上のお金やものが均等に使われないのか」と強く思いました。そして、公害問題などの新聞記事の切り抜きを1960年代中ごろから始めます。

　1973年には、中東での戦争がきっかけで石油価格が暴騰しました。第一次石油ショックです。メディアは一時的に、「節約」「もったいない」一色に染まりました。資源問題の危機感を訴える報道を目にしながら、わたしは「資源を無駄使いするからだ」という思いをますます強くします。こうして、過剰に消費をあおり、「ごみを増やす扇動装置」のようなテレビ放送から、ますます遠のいていったのです。

クルマは最初から「さようなら」

　自動車関連企業に勤務している友人・知人も少なくないので心苦しいのですが、クルマは大都会では不要です。都市近郊や中小都市でも、グループをつくって共同利用すれば十分でしょう。こうした「カーシェアリング」は各地で広がり始めています。もっとも、わたしは、ある日を期して「クルマを持たない」と決心したわけではありません。

　わたしが若かった1970年代は、クルマは社会的ステータスを示す存在で、当時の給料水準では「高値の花」でした。しかし、その後、中古車が1カ月の給料以下で買えるようになると、クルマは日用品に近くなったと言えるのではないでしょうか。

　それでもクルマを購入しなかったのは、クルマを常に使うだけの時間的余裕がなかったのが大きい理由でしょう。首都圏は公共交通機関が発展しています。通勤で使う必要はありません。交通事故で加害者になる可能性をゼロに近づけたい、という意識も強かったと思います。「ステータス」自体うさんくさいですが、近い将来「持っていないこと」が、ステータスになるかもしれません。かつてはある種の「ステータス」だった肥満や外国煙草が、今日では逆転して、マイナスのシンボルになったように。

　もちろん、クルマにまったく乗らなかったわけではありません。若いころは、レンタカーでドライブに行ったこともあります。できるだけ3〜4人で使うようにしました。ごくまれに、やむをえず1人で乗ることもありましたが、それは公共交通機関がないところだ

3）さまざまなモノの製造工程で発生する汚染物質による自然や環境の破壊が住民に及ぼすさまざまな被害。大気汚染、水質汚濁、騒音、地盤沈下など。チッソ水俣工場の水銀垂れ流しによる水俣病、三井金属神岡鉱山の排水に含まれていたカドミウムによるイタイイタイ病、四日市市沿岸のコンビナートから発生した亜硫酸ガスによるぜんそくなどがよく知られている。

けです。また、母が医者から投与された厚生省(当時)認可の整腸剤キノホルムを飲んだためにスモン病[4]にかかり、定期的に通院が必要になった時期があります。そのときもレンタカーを使いました。

今日、マイカーは身体の不自由な人、高齢者、乳幼児連れの移動に限定し、公共交通を充実していくべきだと思います。

飲用の自動販売機とは最近「さようなら」

「自動販売機で飲料水を買わずに、水筒を使おう」とはっきり心に決めたのは、1997年12月です。それまでもほとんど利用しませんでしたが、「無駄な電力消費を少しでも減らそう」と思い、意識して始めました。わたしが日々水筒を持参している理由を聞いて、即座に「そうします！」と言った人は、これまでに2人です。2人とも20代の若者ですから、未来へ希望がもてるでしょう。

自動販売機では、糖分の多い清涼飲料水だけでなく、水(ナチュラル・ウォーター)も売られています。日本ではほぼどこでも水道水を飲めるのに、遠い距離(ときには海外から)を膨大なエネルギーとコストをかけて運んでいるわけで、二重の無駄です。

2006年5月に、わたしの地元の松戸市(千葉県)でレスター・ブラウンさん(ワールドウォッチ研究所元所長)を招いた講演会がありました。そのとき、ナチュラル・ウォーターのペットボトルが壇上に置かれていたのです。主催は「森を守る会」で、子どもたちもたくさん参加していたので、わたしは質問しました。

「ブラウンさんはふだんナチュラル・ウォーターをお飲みになりますか？」

すると、彼はこう答えました。

「主催者の方が用意してくださったときは飲みます。ただし、日常生活では決して飲みません。水道水を飲んでいます。それでまったく問題ありません。ナチュラル・ウォーターによっては、水道水

より水質に問題がある場合さえあります」
 世の子どもたちや親たちが、この遠距離運搬水の奴隷にならないように願うばかりです。

まだ「さようなら」していないコンビニ

 ここまで、ちょっとカッコイイことを書いてきました。しかし、実は気になっていることがあるのです。それは、わたしの夜型の生活スタイルと関係しています。
 わたしの生活時間が夜にかたよっているのは、夜にいろいろな活動や会合があり、そのあと友人たちや参加者と食事する機会が多いからです。また、血圧がかなり低いこともあって、朝（とくに早朝）の活動は得意ではありません。早起きしてやればいいはずの資料調べや整理、原稿書きなども、夜中の作業となってしまいます。そうなると、手招きしてくるのが遅くまで開いている店です。
 電力を過剰消費している24時間営業のコンビニでの購入はできるだけ避けて、23時ごろ閉店のスーパーなどに行くようにしていますが、ときにはコンビニが重宝します。そのとき買うものといえば、スナック菓子やせんべいなど事前に入手できるものがほとんどです。つまりは自分の心がけの問題でしょう。
 コンビニの問題点は27ページに書いたとおりです。ただし、コンビニには、孤立している人や仲間が欲しい若者が集うスペースという側面もあるでしょう。したがって、公民館や公園などの利用時間や条件を柔軟にして、フリースペース的な場所に変えていく必要があると思います。

---

4) 1960年代後半に多発した。下半身のしびれや視力障害が起きる。キノホルムは日本での製造・販売・使用が1970年に停止された。

2　45年間の生活スタイル

「コーシンジャーは、ほかにもいろいろやっているんでしょ？」（ココロ）
「ぼくにもやれそうなこと教えてよ」（エコロ）
——そうだね。じゃあ、無理をしてというわけではなく、やってることを紹介してみようか。

電気エネルギーをなるべく使わない

わたしがもっとも重視しているのは、電気エネルギーを控え目に使う生活、言い換えれば電気エネルギーをなるべく使わない生活です。そして、自然エネルギーをできるだけ直接利用するように努めています。

自然エネルギーの利用にあたって大切なのは、自然の力、たとえば太陽の光と熱そのものを使うことです。太陽や風などを電気に変換せず、いわば「非電化生活」に向かうことをめざす必要があると思います。20世紀は電力万能神話の時代だったといえるでしょう。とりわけ、先進工業国において。いま求められているのは、そこからの卒業です。

わたしは1967年以来、電気製品の購入と利用をできるだけ控え、とくに以下の5点を心掛けてきました。

①冷・暖房を使わない（1967年～）。
②電気炊飯機を使わず、土鍋とガスで炊事する（1981年～。当初は鍋料理だけ、1990年代以降は炊飯にも利用）。
③電気掃除機を使わない（1999年～）。
④ケータイを使わない（一度も持ったことがありません。ただし、最近は複数の友人から、「なかなか連絡がとれない」という理由

で、きわめて強く所持をすすめられている)。
⑤5階まではエレベーターやエスカレーターを使わず、階段を使う(2000年～。荷物が少ないとき、体調が悪くないとき)。

生活スタイルも社会の制度も変える

　電気エネルギーの節約以外に、わたしが重視している5つのおもな原則を紹介しましょう。
　①薬を基本的に飲まない(1967年～)。
　②合成洗剤を使わず、廃食油をリサイクルして作った石けんを使う(1990年～)。
　③友人と畑を借りて1カ月に数回、農作業する(援農や、各地の有機農業者や環境と農業の共存をめざす農業者を訪ねて学ぶことは2000年～、畑は2006年～)。
　④月刊誌などで意見を発表し、生活スタイルの紹介や制度を変える提案を行う(1994年～)。
　⑤戦争反対・環境問題・原発建設中止・原発廃炉化などの運動に参加する(1967年～)。
　ここで大切なのは、2つの軸足で立つというはっきりとした意志をもって、行動することです。
　ひとつは、自分の生活スタイルを変えるという意志と行動。ただし、「持たない」「使わない」など「ない」と主張すると、いわゆる「エコ派」の人たちからも、「否定ばかりで、イメージがよくない」と反論されます。人生の楽しみが少なくなってしまいそうに思えるのかもしれません。決してそうではないことは71～80ページでご紹介します。
　もうひとつは、社会の制度やシステムを変える意志と行動。前述の④や⑤が該当します。自分の努力は大切ですが、それを自己満足にとどめないためには社会への働きかけが不可欠です。反応が乏し

い場合もあります。それでも、めげずに仲間を少しずつ増やし、継続を力とすべきでしょう。

　こうした生活スタイルをみて、次のように言う友人もいます。

　「大量に資源エネルギーを浪費しているのは、個人よりも大企業、なかでも電力会社や運送・流通業などだ。そこを変えないかぎり、いくら個人が努力しても意味がない」

　たしかに、浪費の規模だけで考えるならばそのとおりですし、大企業は大いに省エネに取り組むべきです。事実、社会的責任を自覚している大企業は、すでにそれを実践しています。いわゆる企業の社会的責任(CSR)活動が活発化するのは、2002～04年ごろからです。大手のリコー、富士ゼロックス、資生堂などが環境保全への取り組みを、社会的貢献や公正な経済活動などと並べて、企業の社会的責任と捉えるようになりました。環境省から何度も表彰されている企業もあります。

　一方で、わたしたち市民は大企業の製品の消費者であることも忘れてはなりません。大企業にとってもっとも恐ろしいのは不買です[5]。どんな強力な大企業でも、歴史ある企業でも、不買の大きな力の前では、ひとたまりもないはずです。さまざまな消費者運動が行われていますが、まだまだ不買を含めた市民力の大きさが活かされていないように思えます。

　それは、大企業による宣伝や洗脳効果が強く効いているからでしょう。わたしたちが「問題ある」企業の製品を買うことこそが、問題なのです。ここでいう「問題ある」企業とは、軍需品を製造したり、環境への配慮に乏しいというだけではありません。浪費をあおったり、エネルギーを原子力発電に頼ったりする企業も、対象にしていくべきでしょう。

　また、電力会社は地域独占企業ですから、市民がそれぞれの地域でつながって対抗していかなければなりません。仮に日本人の半分

が電力の浪費を減らし、エネルギー大量消費型商品や廃棄物大量発生型商品を買わない（不買）ようにすれば、原子力発電所は即、廃止できると思います（節電をまったくしなくても、8月の電力需要のピークの平準化や企業の有する自家発電で即時廃止が可能とする指摘も多い）。

　わたしたちには、自由に商品を選ぶ権利があると同時に、おしきせの消費から自由になって、手づくりの味わいを楽しむ権利もあることを忘れてはいけません。サルトル[6]風に言えば、わたしたちは「消費の刑に処せられている」わけではないのですから。

暖房を使わない

　環境への配慮だけでなく、健康上の理由もあって、冷房を使わない人は近年、増えてきました。けれども、暖房に電気や石油を使わない人はめったにいないようです。「暖房も使いません」と言うと、相当に驚かれます。比較的暖かい千葉県ではありますが、暖房なしで冬を過ごす工夫の一端を紹介しましょう。

　わが家は集合住宅の南西角部屋です。条件に恵まれているといえるでしょう。真冬でも、昼に日光を取り入れ、夜に厚手のカーテンをすると、夜でもごくまれな例外を除けば室温は10℃くらいです。

　朝晩に寒さを感じる11月末ごろになると始めるのが乾布摩擦。朝起きたときと夜寝る前に、タオルで上半身と膝のまわりを5分ほど擦るだけです。

---

5) 薬害を発生させた医薬品企業、有害食品や欠陥部品の販売停止・リコールなどに対する大手企業のすばやい対応から、「不買力」の強さが推定できる。

6) 1905～1980年。フランスの哲学者・小説家。知識人の政治参加を説き、自らも実践した。代表作に『存在と無』（松浪信三郎訳、人文書院、2005年）、『自由への道』（1～6、海老坂武・澤田直訳、岩波文庫、2009年）などがある。

それでも、皮膚を刺激し、防寒にとどまらず、全身の健康法としても有効でしょう。

衣類については、還暦後は、冬の間はももひきをはいて、下半身を冷やさないようにしています。その上はトレーナーです。上半身は、ふつうの寒さなら、肌着にセーターかチョッキ類で十分。かなり寒いときは、その上に綿入れを着ます。

もうひとつ愛用しているのが「魔法のマンテ」。1979年にメキシコ市郊外の織布生産地で約3000円で購入した、手織りの毛布です（素材は綿）。先住民族が冬の寒さを防ぐために工夫してきた工芸品で、薄くて軽く、敷布団の上に敷くと、素晴らしい保温力を発揮します。寝るときだけではありません。座って本を読んでいるときも、この毛布で身体を足からすっぽり包むと、体温が身体と毛布の間の空気の層を温め、得がたいぬくもりを生み出してくれます。下着も含めて3〜4枚着ていれば、まったく寒くありません。

これで、数年前までまったく暖房を必要としませんでした。友人が来て、「どうしても寒い」というときに、電気コタツを使うだけです。

フェア・トレード店を営んでいる友人たちに、この毛布の輸入を提案したことがあります。ところが、かさばるために数量を多く取り扱えず、保証金も高くなりそうなのでむずかしい、とのことでした。なんとか工夫して、国内に普及できないでしょうか。先住民族

の生計維持のうえでも、化石燃料の消費を減らすうえでも、フェア・トレード精神にピッタリ合致すると思うのですが……。

なお、最近は厳冬時に限って、湯たんぽを利用しています。2006年に鍼灸・指圧師の友人から、「腎臓と肝臓をもっと温めないと病気を招く」と強く忠告されたからです。

そこで、就寝前に敷布団の腎臓の位置に湯たんぽを置いて保温しておくようにしました。布団に入った後は足脚部へ移動し、鍼灸学でいう経絡(つぼとつぼを結ぶ道)の腎経と肝経の末端部を温めています。年をとるとともに、この利用回数を増やすべきかと考慮中です。湯はガスで沸かしますから、暖房に電気や石油をまったく使わないことに変わりはありません。また、湯たんぽで多くのつぼを刺激して、健康に配慮しています。

冷房も使わない

冷房も、まったく使いません。寒いときも暑いときも、対処する段階を設けておくのがコツかもしれません。

ふつうに暑いときは、Tシャツとショートパンツになり、布団の上にゴザを敷きます。これが第1段階です。

第2段階は、濡れタオルの使用。これは、使い方によって効果が微妙に変わります。集中しにくく頭がボーッとしたら、頭の上に。直接的暑さが気になれば、首筋に。ともかく汗が出るときは、広く拡げて背中にあてます。また、タオルを濡らす場合、冷蔵庫の冷たい水を使うよりも、ふつうの水道水がおすすめです。冷たい水

は、爽快感はあるものの、わたしの経験では、あとから疲れが出やすいように思えます。

今後、都市化などで街の高温化が激しくなったときは、最近広がりつつある蔓性の植物で窓の日ざしを覆うのもいいでしょう。また、洗濯物を室内の窓際に干すとクーラー効果が生じるそうです。

土鍋で胚芽米を炊く

電気炊飯機を使わなかったのは、高価なうえに、おいしく炊けず、なによりガスに比べて熱効率が低いからです。ガスを使って発電し、その電気を利用して炊飯するために使うガスの量は、ガスを直接使って炊飯するときの約2倍といわれています。

その後、鍋料理が食べたくて、1981年11月に土鍋を購入しました。当初は鍋料理にだけ使っていましたが、しばらくして玄米食をときどき試みたため、炊飯にも使うようになります。ただし、玄米食はいまひとつ、わたしの消化器系に合いません。また、わずかですが歯のエナメル質を削ることがあると聞き、胚芽米食に替えました。

胚芽米は、玄米に比べて精米度は高い(7〜8分)ものの、白米では削り落ちる胚芽部分が残っているので、栄養が豊富です。体調にもよく合うので、長く続けています。

土鍋は、アルミ鍋や鉄製鍋より熱保温率が高く、蓋の重さの圧力効果もあって早く、しかもおいしく炊け

ます。水蒸気を強く閉じ込める圧力鍋ほど、圧力効果は著しくはありません。でも、なんとなく、縄文時代や弥生時代の人びとと心がつながるように感じられます。そんな得がたい一面もあって、わたしのお気に入りです。

電気掃除機・ケータイ・エレベーターを使わない

電気掃除機を使わないのは、消費電力をなるべく少なくしたいだけでなく、床の上の大きなごみは吸い取れても、ほこりを部屋中に拡散してしまうからです。代わりに掃除で使うのは、雑巾か濡らした新聞。これらで要所要所を拭き取るのは、足腰を鍛えるうえでも有効でしょう。

濡らした新聞の使い方は2通りあります。ひとつは、適当に四つ折りにして、おもに部屋の隅のごみを吸いつける方法です。もうひとつは、部屋の汚れがひどいときに、細かくちぎって撒き、それを濡れていない新聞で包んで回収する方法です。新聞を長く水につけておくと、化学物質を含んだインクが滲み出る可能性があるので、手早く作業をすすめてください。

ケータイについては、電磁波の影響で白血病や脳腫瘍が増えるという臨床報告があります。イギリスでは16歳未満には使用の自粛をすすめています。有害物質が脳へ浸透しやすくなるという報告もあるそうです[7]。

また、ケータイには、24時

---

7) 植田武智『危ない電磁波から身を守る本』コモンズ、2003年。世界保健機関(WHO)の付属組織「国際がん研究機関(IARC)」は2011年5月に、発ガン性の可能性を初めて公表した(『毎日新聞』2011年7月19日)。

間常に受信の緊張した環境におかれるという問題もあります。水、空気、太陽光のように、本来無料であるべきものが企業によって値をつけられていくなかで、自由な時間までがケータイによって奪われていくように思いませんか？

電力を動力に用いれば、発熱に用いるのと同じく、大量に必要とします。その意味で、高層建築物が増え、エレベーターが増えるのは考えもの。「5階くらいまでは歩く」を現代人（とくに青少年）のエチケットとしたいですね。

薬よりも自然治癒力

人間の身体には、もともと自然治癒力が備わっています。薬がなくても、休養、精神的安定や周囲の支え、栄養のバランスなどによって、大半の病気は治るのではないでしょうか。

さまざまな事情から、自然治癒力だけでは回復がむずかしいときに、初めて薬の登場となります。本当に患者の立場にたつ医者は、よく患者の話を聞き、生活上のアドバイスをして、むやみに薬を与えません。

多種類の薬を大量に飲み、かえって体調を崩している人も少なくありません。薬と毒は表裏一体。やむをえない場合に、信頼できる医者の判断のもとで使いたいものです。

もちろん、生死にかかわりそうなときは、わたしも薬を使います。1971年に日本で流行したインフルエンザにかかったときや91年にイギリスでかかったA型肝炎では、医者から薬剤投与をうけました。また、1979年にはメキシコでアメーバ赤痢にかかったことがあります。このときは友人がくれた抗生物質を飲んだところ、ふだん薬を服用していないせいかよく効き、2日でほぼ回復しました。

体調がよくないときは、指圧や整体、ときには鍼灸治療で対応し

ています。これらの治療と予防法は、身体によいだけではありません。電気や化学薬品を医療手段とするのではなく、人間の手足、自然の産物であるもぐさ(乾燥よもぎ)などを手段とする点で、きわめてエコ的といえるでしょう。

また、医食同源や身土不二と言われるように、食べ方や農のあり方は超エコ生活モードと深く関係しています。これについては、メディアで多く紹介されているので、参考にしてください。巻末に、そうした本の一部を紹介しました。

合成洗剤より石けん

合成洗剤は成分に含まれる界面活性剤が水を汚染し、魚類に致命的打撃を与えます。最近は、界面活性剤を多く含まないものもありますが、全廃には至っていません。

天ぷらやコロッケなどに使った食用油を再利用した石けんは、水を多少は汚すにしても、有機物に還元されやすく、魚類に致命的な影響を与えません。千葉県では手賀沼の汚染を防ぐため、食用油の回収と石けんの製造が、以前から行われてきました。

少しだけど野菜作りも

食は人間の心身の基本です。そして、その食を支えるのが農です。故郷の家には小さな庭があり、両親はジャガイモやトウモロコシなどを育てていました。肥料は人糞でしたから、江戸時代の循環農法そのものだったわけです。

1960年代後半から、農薬の過剰使用が、ときには農民の生命を奪い、消費者の健康を害することが指摘され始めました。1970年代初めには、ごく一部の心ある農民が農薬と土や水を汚染する化学肥料を使わない有機農業に取り組みだします。職場で研修する外国人技術者をそうした農家の見学へ引率したこともありましたが、自

分が土にふれるまでには至りませんでした。

その後、有機農業が少しずつ広がり、関心をもつ友人も増えていきます。1990年代末ごろからは、友人たちと、あるいは一人で、そうした現場を見学し始めました。そして、「見学だけでなく、実際にやってみよう」と語らい、2006年から家の近くの流山市に約200㎡の小さな畑を借りて、友人たちと週末に野菜作りを無農薬で行っています。栽培しているのは、ジャガイモ、玉ねぎ、人参、なす、ヤーコン、サツマイモなどです。

主張を発表し、運動に参加する

さまざまな場で、いろいろな形で、自らの主張を述べていくことは、批判に対応し、改めるべき点は改めるという点からも大切です。ひとりよがりにならず、みんなが楽しく、自足して満足できる生活が送れるように、超エコ生活モードを積極的に紹介していきたいと思っています。そして、戦争は最悪の環境破壊であり人間破壊ですから、その反対運動も欠かせません。

自らの生活スタイルの見直しと同時に、社会問題に取り組む内外のグループと一緒に運動に参加し、議会・行政・企業・国際機関などに働きかけていくことが重要です。

コーシンジャーの一日

「コーシンジャーの毎日について知りたいな」(エコロ)

「見えないところに、生活スタイルの工夫がもっとあるんでしょ」(ココロ)

——そうでもないよ。住んでいるのはふつうのマンションだし。これまでも『エコな生活』って聞いて友人たちが何人も訪ねてきたけれど、『意外とふつうじゃないか』と言われるんだよね。結局、ふつうの生活のなかで、ちょっとした工夫が大切だと思う。

2 45年間の生活スタイル

　自分は偉い聖人なんかじゃない。健康と平安のために、自分とまわりの人たちと、そして地球の生命も入るかな、そのすべてのために、あまり欲張らないというだけのことなんだからね。それじゃ、コーシンジャーの一日を少し紹介してみようか。

　まず、朝です。朝のことを話すのは恥ずかしい。前にも書いたように夜ふかしだからです。というのも、血圧がかなり低いので、なにしろ朝がキツくて……。

　40年近く勤めていたときは、無理して7時前後に起床、パンと牛乳の簡単な朝食を食べて、約1時間かけて通勤し、定刻の9時から仕事をしていました。定年退職後は、多少は仕事もしていますが、必ずしも毎日ではないので、起床時間は8時過ぎです。

　朝食で多いのは、果物（リンゴやブドウなど一種類）、サラダ（おもに玉ねぎとトマト、ごまドレッシング）、小さなヨーグルト。ナスやキュウリの漬物、モズクもときどき食べます。パンはときどき食べますが、ご飯は前日の残りがあるときぐらいで、あまり食べません。

　部屋で作業するときは、もちろん冷暖房は使いません。環境や平和というテーマ以外にも、地域づくり、国際協力、労働組合関係、被災地支援（1995年の阪神・淡路大震災以来）など何十という団体や会の会員なので、作業は、原稿の執筆・修正・推敲、諸連絡、資料の確認・整理などです。日中は自然採光で、照明は使いません。電気を必要とするものは、固定電話、パソコン、FAXです。

　パソコンは友人に強くすすめられ、おもにメール利用のために1999年に購入しました。その後、宣伝メールが激増したため2007年にいったん使用中止しましたが、定年後の09年から再び使っています。FAXは急ぎの原稿のやり取りのために2009年に購入しました。ただし、コピー以外の使用頻度は非常に低いと思います。

昼食は作るのが理想ですが、なかなか……。外出のとき、弁当を作るところまではできていません。在宅のときは土鍋で胚芽米を炊き、味噌汁を作ります。味噌は有機栽培の国産大豆を原料にしたものです。だしは国産の椎茸と昆布をベースに、生姜と人参、玉ねぎを基本の具としています。

　一番ふつうのメニューは玉ねぎとトマトのサラダ、なす焼き、長イモおろし、納豆、きんぴら(既製品)などです。ときどき近海魚(鯖、鯵、鰯、鰤など)を刺身や調理して食べます。肉は、自宅ではめったに食べません。

　外食するときは、できるだけチェーン店ではない定食屋さん風の店を選びます。弁当類を買う場合は、添加物づけではない弁当を探すのが一苦労です。忙しいと、やむをえずこうした「薬づけ」弁当を食べるときもあります。ただし、発ガン性などを考えて、発色剤(亜硝酸ナトリウム)、ソルビット、ソルビン酸や香料類、パンではイーストフード(複数の添加物の混合剤)入りは、買いません。

おもな電気製品は冷蔵庫と二槽式洗濯機

　「コーシンジャーの家には、テレビもケータイもなかった。でも、冷蔵庫はあったよね」(エコロ)

　「どんな電気製品があるのか、教えてください」(ココロ)

　――では、わが家の電気製品をすべてチェックしてみましょう。

　まずは玄関から。照明用の電球だけです。蛍光灯と白熱電球を使っているので、節電型のLED(発光ダイオード)照明に替えるのが課題です。

　次は台所。ありました、ありました。冷蔵庫ですね。30年ほど前に友人からもらった縦50cm・横50cm・高さ47cmの小さなタイプで、ほぼ立方体をしています[8]。

　タイプが近いSR51T(W)の容量は47ℓで、消費電力は年間

190kWhと記載されていました。今日、主流の冷凍冷蔵庫(355〜400ℓ)の場合、消費電力は年間約440〜450kWhですから、ℓあたりでは大いに省エネです。しかし、47ℓですむのだから、省エネ型の400ℓに買い替える必要はありません。

　中身は、味噌・醬油・わさびといった調味料、牛乳、煮沸後さました水道水、2〜3日分の野菜や魚、梅干しなど。肉類は稀にしか買いません。ごく小さな冷凍庫(というか製氷コーナー)がついていましたが、数年前に壊れました。猛暑時であっても、冷蔵庫で冷やした水や牛乳は十分においしく、氷は必要ありません。

　台所には、冷蔵庫だけです。ただし、居間とつながる食器置き台にトースターがあります。これは1997年に、転居する友人からやや強引に押し付けられたものです。それまでは、パンはそのまま食べ、餅はガス台に網をのせて焼いていました。2011年3月以降は、トースターは使っていません。東日本大震災でエネルギー問題をあらためて考えたからです。

　トイレと洗面所には、どんな電気製品があるでしょうか。

　トイレは天井に付いた電球だけ。便座はタオルカバー付で、もちろん電気便座は使っていません。冬でもタオルカバーで十分に暖かいです。

　洗面所には、二槽式の洗濯機があります。1996年に友人が転居する際、「2000円払って廃棄することになるので、もらってくれませんか」と頼まれて、いただいたものです。それまでは、風呂に入るときやシャワーを浴びる前後に手でゴシゴシ洗濯し、かなりいい運動になっていました。いまは、洗濯物を脱水機に移すのと、物干しや室内に乾かすのが、軽い運動となっています。

---

8) 三洋電機製の「SR-50A型」とコンプレッサーに記してある。同社のウェブサイトの「冷蔵庫生産終了品」の4種のなかにも掲載されておらず、その古さがわかる。

大事に使ってきたオーディオセット

　今度はリビングルームを見てみましょう。ステレオプレーヤー・チューナー・テープデッキのオーディオ三点セットがあります。1975年ごろに購入しました。当時のものをいまも現役で使っているのはプレーヤーだけで、チューナーは３代目、デッキとスピーカーは２代目です。プレーヤーは数年前に回転部分の調子が悪くなり、近所の電気店主に修理の可能性を調べてもらうと、こう言われました。

　「修理できないことはないけれど、部品がすでに生産されていないので、代用品を作る必要があります。料金的には、新品を買うのとさほど違いません」

　わたしは、電気屋さんのせっかくの修理技術を活かしてもらうため、そしてごみを出さないために、修理をお願いしました。修理後に機能は完全に回復し、一度も故障したり調子が悪くなったりしていません。

　ちなみに、レコードはLP盤を50枚ほど持っていて、聴くたびにその年月日をメモしています。よく聴くLP盤でも月２〜３回なので、スリ切れてしまったものはありません。クラシックからポピュラーまでジャンルは幅広く、本当に好きな曲のみ厳選して買ってきました。クラシックなら一作曲家１〜３枚、ポピュラーなら１歌手１枚と、ほとんどそれぞれのベストと思われるものに限っているので、聴きあきることはないですね。

　CDは持っていません。一時期、レコードとプレーヤーが市場から消えそうになり、さびしく思っていました。でも、ファン層が予想外に広いのか、いまも製造が続いています。これは、人びとの知恵かもしれません。

　というのも、最近は「CDは音のメリハリはいいが、長く聴いていると疲れる」という声が聞かれるからです。「CDはデジタル処

理をされていて、アナログで自然音に近いレコードとは違う」という説明も聞いたことがあります。実際、レコードで聴く名曲の数々は、疲れた身体と心を休めてくれます。

ラジカセはありません。ラジオ番組を聴くのも、このチューナーをとおしてです。

ところで、わが家に来て、テレビやビデオデッキがないことに気づかない人がときどきいます。それは、おそらくこのステレオセットが場所を占めているからでしょう。

消費電力量は一般家庭の6分の1〜7分の1

消費電力量は長年1カ月40〜50kWhで、料金は1000円〜1200円でした（20アンペア）。ただし、パソコンとFAX機を買ってからは、1カ月70kWh、1500円を超える月もあります。日本の1世帯1カ月あたり平均電力消費量は288.6kWh（電気事業連合会、2008年度。東京電力の対象地域では282.7kWh）なので、その4分の1〜7分の1です。

FAX機については、受信はごくわずかなので、紙はほとんど使いません。原稿などの送信が中心です。こうした場合、常にスイッチ「オン」にしておくのは、待機電力の点でとても無駄だと思います。省エネルギーセンターの「平成19年度待機時消費電力調査報告書」によれば、日本の一般家庭の待機電力は年間電力消費量のほぼ1カ月分に相当するそうです。わたしもこれまではつけ放しが多かったので、改めなければなりません。

初めてパソコンを買ったとき、プリンターはつけませんでした。電気と紙を無駄にしないためです。メールはポイントをノートにメモし、約10年で一冊を使いました。2009年にプリンターを買いましたが、いまも、とくに大切なメール以外は印刷しません。ただし、プリンターがあるとつい使ってしまうので、注意が必要です。

3 クルマと自動販売機とテレビの悪循環を断つ

「コーシンジャーのやってることや、何のためにやっているかは、なんとなくわかった気がするね、お姉ちゃん」(エコロ)

「そうね。でも、いまの社会とコーシンジャーのやっていることは、どうつながっているの？ それがはっきりしないと、わたしたちもやってみようかなとは思いにくいです」(ココロ)

——コーシンジャーがテレビやクルマや自動販売機とさよならしたのは、この３つが人間の心身の健康に悪影響を与え、社会に悪循環を及ぼしていると考えたからなんだ。図１を見ながら話をしよう。

クルマと自動販売機の健康への影響

クルマを多用すると、歩く機会が少なくなり、運動不足が生じ、心身のバランスが崩れ、病気にかかりやすくなります。多くの医者

図１　クルマ・自動販売機・テレビがもたらす悪影響

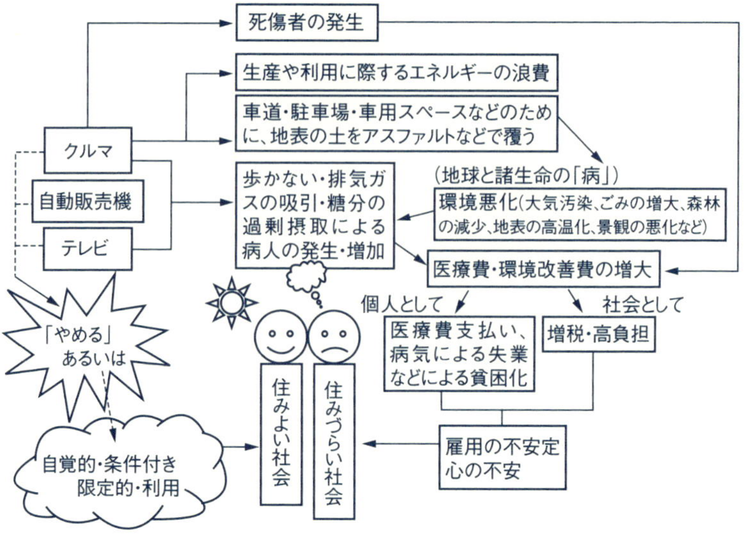

が指摘しているように、よく歩くことは健康を維持する基本中の基本であり、予防医学の根幹です。

　病人が増えると医療費がかさむのは、いうまでもありません。個人はもちろん、国や自治体も多額の出費を要し、医療施設や製薬工場の建設と維持のために石油も多く必要とします。1日に1～2時間は歩くようにすれば、かなりの病気は減るでしょう。その結果、クルマの製造と利用によって浪費されるエネルギーだけでなく、製薬や医療（手術など）に消費されるエネルギーも減らせます。

　さらに深刻なのは、交通事故です。運動不足が社会にとっての間接的脅威になるとすれば、交通事故は直接的打撃を与えます。

　自動販売機についても同様の問題があります。清涼飲料水には、糖分やカフェイン、香料や添加物などが多く含まれているからです。

　糖分や塩分の摂りすぎが高血圧、脳梗塞、心筋梗塞、糖尿病などを招きやすいことは、広く知られています。コーヒーや紅茶に砂糖を控えていても、自動販売機で買うコーヒーやジュースに糖分がたっぷり入っていることを忘れがちです。カフェインや香料、添加物のなかには、長期的使用による人体への影響がはっきりしていないものや、中毒のような症状を伴うものもあると指摘されています。

テレビの心に与える影響

　多くのテレビ番組や、とくにコマーシャルは、たえず視聴者の渇望感をあおり、不満足感や非充足感を心に蓄積していきます。

「アレも欲しい、コレも欲しい。もっと新しいものに替えたい。隣の人の持っているソレも欲しい」

　人が元気に生きていくためには、自分らしい生き方と、語り合える友、悲しみや喜びを共有できる仲間の存在が不可欠です。バーチャルな手段は、そのために限定的に利用されるべきではないでしょうか。たとえば、亡くなった親しい人の映像を見る、懐かしくて心

を平静にする風景を鑑賞するというように。渇望感はストレスの原因であり、ストレスは免疫力低下の大きな原因のひとつといわれます。そして、ガンや多くの生活習慣病の直接的原因です。

　もっとも、子どもに「テレビをあまり見ないで」と言っても、拒絶されることが多いでしょう。そのときは、外国の状況やテレビのない時代の遊び方を教えてみませんか。

　欧米では、テレビをふだんはケースに入れておき、家族で見るときにケースを開ける、といったけじめをつけている家庭も多いと聞いたことがあります。日本でも、「個室には置かない、食事中は見ない」という家庭も少なくないようです。

　また、自殺の大きな原因に孤独があると指摘されています。テレビの強い影響力は、コミュニケーション力低下の大きな要因です。一方で、テレビ番組の話題についていけない子どもが孤立化する場合もあります。

　思い切って、テレビを卒業してみませんか。テレビ番組を話題にしないで、自らと自らの体験を話題にする人びとが増えれば、孤独な世界への落ち込みへの歯止めとなるでしょう。

クルマの社会的な影響

　クルマ社会の問題は、健康面だけにとどまりません。車道が各地

に増えれば森林が減少し、自然を直接破壊します。一方、クルマの過剰使用によって地方のローカル鉄道やバスの赤字が増大し、廃止されたり減便されたりしてきました。そのため、高齢者や児童・生徒の交通難民化が生じています。

また、クルマでのショッピングを前提とした郊外の大型店舗の建設によって、市街地の商店街はシャッター通り化し、町のにぎわいは消えていきました。クルマを持たない高齢者は買い物の機会すら奪われているのです。

さらに、クルマは頻繁なモデルチェンジをして新規需要を刺激する結果、大量の廃棄物が発生していることも忘れてはなりません。リサイクル率を高める工夫はされていますが、100％にはほど遠いのが現状です。仮に100％に達しても、再生産のために膨大なエネルギーを必要とします。

働き方を変える

クルマ、自動販売機、テレビの生産が大幅に減ると、経済成長や雇用に悪影響が出ると考える方が多いかもしれません。しかし、雇用の減少には、労働時間の大幅削減、残業の原則（緊急で生命にかかわる場合以外）禁止、休日の増加などで対応すればいいのではないでしょうか。目標は、当面が週35時間労働、2020年までに週30時間労働です。

同時に、農林漁業をはじめ、健康・教育・観光などの分野へ労働力をシフトしていくべきでしょう。ここでいう健康とは、古くは貝原益軒の『養生訓』に述べられているような予防医学であり、健康づくり、看護・介護・福祉を含む概念です。また教育には、学校教育だけでなく、各種の社会活動を担う人びとの養成も含めるべきでしょう。そして観光は、農林漁業、食育、保健、福祉などとリンクした滞在型のエコツアーをベースにします。

4　人類を滅ぼす核と原発

原子力は魔法のランプ？

「コーシンジャーは、エネルギーとごみのことにいつも心を配っているでしょう。でも、石油やガスがなくなっても、原子力はいくらでも使えるって聞いたけど……」(ココロ)

「小学校で原子力発電所見学に行ったとき、係の人が『いま電気の3分の1程度は原子力で発電されています。原子力はとても大切です』って言ってたよ」(エコロ)

——そうか。原子力は、いくらでも力やモノが湧き出てくるアラジンの魔法のランプ[9]のようだね。でもね、そのランプから強いパワーが出るときにごみも発生するし、とても強い力だからランプも壊れそうになる。もっと問題なのは、そのランプの底に、すべての生き物を殺してしまうような猛毒が残ることなんだ。

幼いころ、恐い夢にうなされた記憶がありませんか？　高い崖や地表の裂け目から落ちたり、どこにも陸地が見えないような大洪水に流されたり……。あるいは、隕石の落下や火山の噴火。突然、空から石が降ってきたり地中からマグマが噴出して、襲われる。

やがて、それらがときには天災として実際に起きること、ただし生きている間に遭遇する可能性はそれほど高くないことを、わたしたちは学びます。一方、原子力を生み出す核エネルギーの恐ろしさは、こうした天災のような悲劇が人の手によって引き起こされることです。しかも、天災よりはるかに激しく、大規模に。それは、残念ながら、東日本大震災後に起きた福島第一原子力発電所の大事故で現実のものとなりました。

すでにセシウムが漏れ出ているのはご存知のとおりです。今後、もし猛毒物質のプルトニウムが大量に漏れたら、広い範囲で、人間

はもちろんほとんどの動植物が死に絶えてしまいます。

　核兵器や原発（＝核発電所）事故による放射能被曝は、直接の被害者だけでなく、子孫にも長期間にわたってガンや白血病など多大な影響を与えます。その深刻さは、巨大な天災をしのぐものです。

　広島と長崎の被爆体験に関しては、毎年８月になるとメディアが取り上げます。しかし、原発については、外国で大きな事故があったときに一時的に報道されるだけでした。その本質や危険性については、今回の事故まで、マスメディアとりわけテレビは、ほとんど扱っていません。

　地震国である日本は、常に地震と津波に襲われる可能性があります。その海岸近くに原発を何基も並べることは、腹部に爆弾をしばりつけているようなものです。事故だけでなく、核ジャックの危険も含めて、平和を自らの手でくずしていると思いませんか。

　なぜ、こうした大きな問題が報道されてこなかったのでしょうか？　その最大の理由は、電力会社がマスメディアの大きなスポンサーだからです。原発に疑問を投げかける番組を放送すると、すぐに「スポンサーからおりるぞ」と圧力をかけてきます。実際、それで打ち切りになった特集もあったそうです[10]。

4　人類を滅ぼす核と原発

---

9)　『アラビアンナイト』の有名な物語。貧乏な暮らしをしていたアラジンが、魔法使いにそそのかされて穴倉の中にある魔法のランプを手にしたところから、物語が始まる。そのランプをこすると魔神が現れ、アラジンはその力を使って大金持ちになり、皇帝の娘と結婚する。

10)　テレビ朝日の『ニュースステーション』が青森県の六ケ所再処理工場を３夜連続で取り上げようとしたが、１回で打ち切りになったことがある。

増え続けてきた核兵器

　人類が歴史上で体験した最大の恐怖は、何といっても核兵器すなわち原子爆弾でしょう。

　核兵器は、よくダモクレスの剣にたとえられます。古代ギリシアで、ディオニシオス王の幸福を称えたダモクレスを天井から毛1本で剣をつるした玉座に座らせて、支配者は常に命の危険にさらされていることを悟らせたという故事です。

　いつ天井から剣が落ちてきて、自らの身を引き裂くかもしれないという恐怖。1945年8月6日以降、人類は核兵器という剣の恐怖と対峙する日々を送ってきました。核保有国が巨大核兵器の削減に向けて動き出す一方で、核兵器を保有する国は増加し、現在では明確になっているだけでアメリカ、ロシア、イギリス、フランス、中国、インド、パキスタン、北朝鮮、イスラエルの9カ国です。さらに、小型核兵器[11]や劣化ウラン弾[12]などの形で拡大を続けています。

　核兵器に関連する事故は、軍事上の機密という理由で、なかなか公表されません。これまでに、たび重なる原子力潜水艦の沈没による死亡事故、核実験による兵士の被爆、1953年にアメリカが太平洋のビキニ環礁で行った水爆核実験による第5福竜丸乗組員の被曝など、広範囲の放射能汚染が起きてきました。

　多くの市民やNGO、国際機関が核兵器廃絶運動に取り組んでいますが、解決への具体的プログラムはできていません。より多くの人たちがすべての核兵器廃絶に向けて連帯し、国連、各国政府、軍需産業などに働きかける必要があります。

何回も起きてきた原発事故

わずか50年ぐらいの原発の歴史で、すでに3回のきわめて重大な事故が起きました。アメリカ東北部ペンシルベニア州のスリーマイル島原発、旧ソ連(現ウクライナ)のチェルノブイリ原発、そして今回のフクシマです。1999年に茨城県東海村にある核燃料加工施設JCO社(住友金属鉱山の子会社)が起こした臨界事故も、見逃せません。さらに、公表されていなかったり死者の発生にまでは至らない事故は、かなり多いようです。相次ぐこれらの事故は、原発の技術的未熟さを示すものにほかなりません。

スリーマイル島原発事故は、1979年3月に起きました。原子炉の熱を冷やす冷却水が足りなくなり、炉心の半分以上が溶け落ちてしまう大事故です。幸い死者は出なかったものの、のちに圧力容器に亀裂が入っている事実が判明。異常事態が長引いていたら、チェルノブイリ並みの被害が発生したとも言われています。

チェルノブイリ原発事故は、1986年4月26日に起きました。4号炉は炉心溶融(メルトダウン)して爆発し、大量の放射性物質が放出されました。その量はセシウム137を尺度にして測ると、広島の原爆800発分です[13]。4号炉をコンクリートで封じ込めるために、のべ80万人の労働者が動員されたといわれ、100万人以上が移住を強いられました。

---

11) アメリカのオバマ政権の核不拡散政策の背景に「9・11テロ」と「核の闇市場」の発覚による「核テロ」の脅威への強い危機感がある。彼は演説で「テロリスト1人で大規模な破壊が可能になる」と指摘している(吉田文彦『核のアメリカ』岩波書店、2009年)。
12) 核燃料や核兵器を製造するために天然ウランを濃縮する過程でできる副産物の劣化ウランを用いた、対戦車砲の砲弾。命中すれば放射性物質が周囲に飛散する。
13) 小出裕章「少欲知足のすすめ」池澤夏樹・坂本龍一ほか『脱原発社会を創る30人の提言』コモンズ、2011年。

2000年の発表によると、軍人や炭鉱労働者など事故処理に従事した約86万人のうち約5万5000人がすでに死亡していたそうです。ウクライナ国内だけでも、被曝者総数は約350万人にのぼります。放射性物質は北半球全域に拡散し、日本でも5月3日に雨水中から確認されました。周辺地域の家畜には放射性物質が蓄積され、肉やミルクを汚染。それらを食べた子どもを中心に、甲状腺ガンや白血病が多発しています。

　それでも、この放射性物質の放出総量は、信頼できる専門家のデータによれば、核実験による大気圏への放出総量の335分の1〜500分の1です[14]。核実験の恐ろしさが改めて理解できるでしょう。

　JCO社の事故は、核燃料サイクル開発機構の高速増殖実験炉「常陽」の燃料加工中に、核燃料加工施設内で発生しました。本来の作業手順をふまずに高濃度のウラン溶液をひとつの容器に集中したために核分裂反応が起こり、中性子が放出されたのです。作業員2人が死亡しました。

地震の危険性を示していた柏崎刈羽(かりわ)原発事故

　2007年の新潟県中越沖地震による東京電力柏崎刈羽原発の事故は、地震大国日本に原発があることの危険性をはっきり示したものです。地震によって外部電源用の油冷式変圧器が火災を起こし、放射性物質が漏れ出しました。また、津波によって敷地内が冠水し、

使用済み核燃料棒プールの冷却水が一部流失したのです。

　この事故をきっかけに、ようやく政府・電力会社も国民の危惧にある程度は対処せざるをえなくなりました。とはいえ、柏崎刈羽原発は一時停止したものの、凍結や廃炉には至っていません。大きな原発事故の影響が世界中に及ぶことは、チェルノブイリでもフクシマでも明らかです。もし活断層[15]の上にある中部電力浜岡原発（静岡県）の運転を再開すれば、地球上のすべての人びとに対して無責任だというしかありません。

放射性廃棄物の処理が不可能

　核兵器や原発の危険は、戦争や事故だけではありません。使われなくなった核兵器の廃棄、原発の使用済み燃料の処理も、重大な問題です。一般の兵器や発電の場合は、廃棄後の材料は再利用や無害化が可能です。しかし、核兵器や原発の場合は放射性廃棄物の処理方法がありません。「トイレなきマンション」と言われる理由です。

　しかも、原子力発電で発生したプルトニウムは、条件が整えば核兵器に転用可能です。原発は核兵器と同類であるということを忘れてはなりません。

　放射性廃棄物が地上に漏れ出さないためには、特殊な材料を使った容器に入れ、地中数百mに保管しなければなりません。恐るべき核のごみが、わたしたちの足元に埋め込まれるのです。日本のような地震国で、こうした地中のいわば「核爆弾」が地震のパワーで地上に押し上げられないと断言できるでしょうか。

　わたしたちの子孫やまだ電気の恩恵にあずかっていない人びとの

14）湯浅一郎・梅林弘道「核爆発による放射能汚染を再考する」『核兵器・核実験モニター』2011年4月15日号。

15）繰り返し活動し、今後も活動を継続すると考えられる断層。過去に地震が繰り返し発生し、今後も発生すると考えられている。

ことを考えずに、地中に「核爆弾」を埋める行為をするのであれば、ほとんど思考停止状態です。こんな愚行は、いますぐ中止しなければなりません。たとえ、いかに「再処理」しようとも、基本的には人類を危機に陥れる無責任投棄にほかなりません。

原発の廃絶を

1990年代以降、日本を除く先進国では原発の新設は少なくなりましたが、最近になって地球高温化を防ぐという名目で、再び原発を増やそうという動きが生じていました。これは愚かの極みです。「フライパンの火に油を注ぐ」愚行を繰り返してはなりません。フクシマ事故をきっかけに2022年までに原発の全廃を決めたドイツに続くべきです。

わたしたちにとって緊急の課題は、日本だけでなく世界中の新規原発の建設中止と稼動中の原発の運転中止・廃炉です。まず早急に、周期的に地震が起きている地域や火山帯上の地域から実施。次いで、地上から全面的に廃絶していきましょう。

ダムや化石燃料(石油・石炭・天然ガスなど)の発電以上に、原発は最悪の選択肢であり、地球上すべての生きものの生命と子孫の生存に対する冒涜にほかなりません。

電力万能神話からの解放

原発に大きな問題があるにもかかわらず、各国で造られてきた背景には、「大量消費が幸福につながる」という神話があります。エネルギー面からいえば「電化が進歩」であり、電力こそが便利な生活を担っているという、電力万能神話です。

前述したように、エネルギーの源泉である太陽の光と熱はまずそのまま使い、次に空気や水の変化から生じる諸エネルギーを直接利用するのが、本来のあり方です。ところが、それらを減らしてい

き、電力を介した利用の割合をどんどん増やしてきたことに、今日の諸問題の根源があります。これは、「電力病」といってもいいほどの病的状態といえるでしょう。

その最たる例は電力会社が唱えるオール電化という表現です。わたしは2009年5月に、反原発運動のメンバー十数人と2007年の中越沖地震で事故を起こした柏崎刈羽原発の「運転凍結」申し入れを東京電力本社で行い、こう指摘しました。

「原発事故で電力供給が支障をきたし、節電と言いながら、一方で家庭のオール電化を叫ぶのは、自己矛盾ではないですか」

しかし、対応した広報部の担当者2名から明確な返事はありませんでした。おそらく、答えられなかったのでしょう。

オール電化から「非電化」「適正電化」へ

オール電化ではなく「非電化」ないし「適正電化」こそ、21世紀の人類の課題とすべきです。電力を過剰使用してはいけません。環境問題に関する議論は、大量生産・大量消費や日常生活における電力エネルギーへの無条件変換を前提にしがちである点に、根本的な欠陥があります。

電力万能神話は人類の歴史と文化への汚辱(辱め)であり、人類が共有し、味わう時間と空間そのものへの侵犯です。

企業や国・自治体行政には、良心的な人たちも多くいると思います。彼らは、その豊富な情報の洪水に流されることなく、人類の未来と幸福というもっとも基本的な点を考えて、人類が自滅の道を選ばないように、組織の意思決定へ影響力を行使すべきでしょう。

また、人びとに精神的なよりどころを与えるはずの思想家や宗教・宗派の指導者の多くも、この課題に本格的に取り組んでいません。彼らの一刻も早い活動が望まれます。

5　貪欲からの離脱

足るを知る

　未来を担う子どもたちに接するおとなたちが常に心しておかなければならない、大切なことがあります。それは貪欲からの離脱です。貪欲には２つのタイプがあります。ひとつはモノやサービスを大量に求めること、もうひとつはモノやサービスを一人占めすることです。

　核兵器や原発、そして大量生産・大量消費・大量廃棄を裏から支えているのは、メディアなどの洗脳によってつくり出されているこの２つの貪欲といえるでしょう。それをさらに裏から支えているのは、自由放任の市場万能型資本主義です。なかでも、大量電力消費をあおる電力会社は、直接的に人類の生存の危機を高めています。この現実を現代に生きる人びとは直視し、貪欲をあおる行為を抑えるように要請し、自戒していかなければなりません。

　衣食住、健康的な生活、教育機会の保障などの基本的な欲求は、生命体としての維持と人間らしい生活を営むうえで不可欠な権利です。しかし、貪欲は人類全体が基本的な欲望を満たすことに敵対するものといえるでしょう。

　「吾唯知足」という言葉を知っていますか？　これは「われ、ただ、足るを知る」と読み、禅宗の格言です。「欲張らず、いまの自分を大切にしなさい」という意味でしょう。それは、宗教家や哲人、賢人にのみ求められるものではありません。また、快的な生活を拒否するものでもありません。

　いろいろなものを製造する技術やさまざまな制度を工夫して、労働時間を減らすことで完全雇用を実現し、週勤２日(週休５日)の可能性を求めていくことと表裏一体だと思います。それは、核利用

と過剰労働の「恐怖の世界」から免れる最善で究極の道です。

「ジャンプ」してみよう

わたしの約40年間のささやかな実践を振り返ってみると、もっとも重要な結論は、次のようなごく簡単なことでした。

「ふつうの人間であっても、自分の頭でよく考え、危機を感じとれば、将来の人びとと現在この地球上で生活を営む多くの人びとのため『ジャンプ』できる」

わたしたちがエレベーターやエスカレーターを使わずに階段を歩くとき、テレビやクルマや自動販売機を遠ざけるとき、わたしたちは、まだ資源を使う機会のない未来の人類や、まだ資源を使う余裕のない現代の多くの貧しい人びとと、ささやかにつながるのです。

マハトマ・ガンジーやマザー・テレサを尊敬している人びとは世界に多いでしょう。わたしもその例外ではありませんが、その生活スタイルの足元にも及ばないのは、言うまでもありません。

また、福島県の森の中[16]や沖縄県の離島の海岸近くで、自分で家を建てたり修理した小さな家に住み、ほとんど自給自足の生活をしている友人もいます。いずれも、大工仕事やカヌー指導を業としている、1970年代生まれの女性です。一人は10年ほど前までランプの生活をしていました。わたしはもちろん、彼女たちにも及びません。

地球環境の将来に鋭い危機感をもっていても、多くの人はそこまでの決心はできないと思います。ましてや、出家し、修行し、托鉢する人びとが実践するような資源の浪費を抑えた生活は、きわめてむずかしいでしょう。

---

16) 川内村に住んでいた彼女の一家は、2011年3月のフクシマ事故直後、幼い子ども2人と岡山県の実家へ避難した。反原発運動をしていた彼女の行動はすばやく、政府の避難指示が出されたのは、その後だった。

それでも、わたしが実行している程度の貪欲からの離脱であれば、多くの人にもできるはずです。なぜなら、ふつうの人間がふつうに考えて得た結論だから。よく考え、その結果に従えば、多くの人がわたしと同様に、変化しないわけにはいかなくなると思います。
　「考えよ！　そうすれば道はできる」のです。
　つれあい、子ども、孫といったごく身近な愛しい人びと、大切な友人たち。そうした人たちのためだけにでも、「ジャンプ」してみませんか。
　わたしでも、貪欲から卒業できました。みなさんにできないはずがありません。

6 超エコ生活モード的快楽

「そんなに怖い核兵器や原発を、頭のいい人たちが平気で造っちゃうんだね。ぼくにはわからないなあ」（エコロ）

「ひとつひとつのことについては頭がいいんだろうけど、世界とか社会全体のことにあまり気をくばっていない感じ。でも、コーシンジャー、そんなにエネルギーを使わない生活だと、楽しくないんじゃない？」（ココロ）

――多くの人は、そんなふうに思わされてきたんだね。だけど、電気を大量に使わなくても、楽しいことは山のようにあるよ。

天・地・人と遊ぶ

ここまで読んでいただき、ありがとうございます。ただ、いくら地球環境や生命の危機が迫っているとしても、超エコ生活モードのような窮屈な生活はできないと考える人がまだ多いでしょう。大半の日本人は長年、マスメディアの宣伝のシャワーのなかで生きてきましたから、それは当然かもしれません。

しかし、テレビもクルマもなく、自動販売機で飲みものを買わなくても、わたしはとても楽しく生活しています。その最大の理由は、微力ではあっても地球環境に負荷をかけないでいられるうえに、天・地・人と遊んでいるからです。

天にはいろいろな現象がめぐっています。日の出から日没、夕焼けから闇の訪れ。やがて、月や星が夜空を飾ります。空気は水を含み、雲を生み、雲はさまざまな形となって浮かんだり流れたりする。そして、風はいろいろな音色を奏で、香りを届け、さわやかな癒しをもたらしてくれます。雲は造形の天才であり、風は天才的な音楽家であり治療家です。それらを賞でるとき、わたしは大きな喜

びを感じます。

　地は実に多様で、生命体の宝庫です。大地と大海をつなぐ大中小の河川は、あるときは毛細血管、あるときは大動脈のように、地表を覆っています。湖沼や干潟、湿原に草原、高い山脈と連なる丘陵……。そのなかを幾多の生物が、考えられるかぎりの、あるいはそれを超えたイメージの形態と生態で、生活しているのです。

　こうした、地上にある生きとし生けるものや多様な景観との出会い。それが地との遊びです。大地がその多様さのなかから生み出してくれた数限りない生命に感謝し、おいしくいただくことも、広い意味で遊びです。だから、よく味わって食べたいものです。また、動植物が好きな人は、動植物をとおして地との遊びを楽しんでいると思います。

　人は、天と地から創造された生命体からの千変万化を経て、地上に姿を現しました。直立歩行、火や道具の使用などと前後して、猿人類から分離し、人としての姿を整え始めて数百万年。言語を得ておそらく数十万年。文字にせよ口承にせよ、歴史を残し、未来を意識してから数千年。人と人との多様で多元的な交流と交感は、かぎりない感動を生み出してきました。

　テレビやインターネットなどを媒介として、人と人が心、意志、情報などを伝え合うことを否定するつもりはありません。しかし、他人の生と直に接し、実感することこそ、生命体として存在する醍醐味といえるでしょう。生（なま）の言葉や五感の響きのなかで得る多様な喜び、すなわち人との遊びは、超エコ生活モードと表裏一体です。

　人と遊ぶときにもっとも大切なのは、お互いの違いを認め合うことでしょう。ところが、いまのおとなはこれが苦手のようです。子どもたちは、そんなおとながつくりあげてきた社会に、がんじがらめにされています。人と直に接して、ときには傷つけ合い、ときには信頼し合って関係性をつくりあげていくことは、たしかに面倒く

さいでしょう。でも、おとなも子どもも、それにチャレンジし続けてほしいと思います。

輪リン涅槃(ねはん)

輪廻の「輪」、自転車の「車輪」とベルの「リンリン」をかけた、言葉あそびです。「涅槃」は、迷いや悩みを乗り越えて自由になった心の状態を指します。その両方を合わせた、「自転車で涅槃に入る」というニュアンスをこめた造語です。「何を大げさな」と思われるでしょうが……。

サイクリング道などの大空や周囲の景色をゆっくりと味わえる道で、自転車のサドルからお尻を少し上げてペダルをこぎ続けてみませんか。やがて、身体も心もまわりの景観にとけこみ、「ペダルをこいでいる」という感覚が遠のいていくでしょう。それがしばらく続くと、身体が自転車の上にあるのか大空に舞っているのか、わからなくなる瞬間が訪れます。そして、浮いているような飛んでいるような不思議な感覚につつまれてきます。これが「輪リン涅槃」です。

「不来方のお城の草に寝ころびて、空に吸はれし十五の心」

石川啄木の有名な短歌です。それと同じく、まさに空に吸われる感覚といえるでしょう。

「永遠と無限」「時間と空間」、あるいは、悟り、解脱、復活、輪廻、生々流転。生命の始まりと終わりや精神状態についての概念は、宗教上の定義も含めて一見とても複雑です。一方、「輪リン涅槃」的感覚は、心をリフレッシュし、病気や老いや死といった苦悩や不安に小さなやすらぎを与えてくれる、簡単な方法だと思います。サイクリングは、単に足の筋肉を鍛えるだけの存在ではありません。

わたしたちはそれぞれ、日常生活でこうしたささやかな発見をしていると思います。それをより深めてみませんか。きっと、はるかな故郷である天と地に、人の心をつなぎ直してくれるでしょう。

散歩もおすすめ

いろいろな事情で自転車を利用し（でき）ない人もいるでしょう。そうした人にもおすすめなのは散歩です。わたしは少し時間ができたら歩くことにしています。時間によって、一駅分、二駅分と距離を変えます。数年前に、地図で確認し、つないでみると、東京の赤坂から千葉の我孫子まで歩いていたことに気がつきました。

なかでも、路地裏歩きはおすすめです。なんといってもクルマが侵入してきません。そして、人びとの息づかいが感じられるからです。さまざまな植栽や植木鉢、表札などに、人生への思いがあふれています。60年以上も生きていると、よくある名前の表札を見て、何人もの顔を思い出すこともあります。

散歩が健康の維持と密接に関係することは、医師をはじめとして多くの人たちが語っているところです。たとえば、老年学で著名なカナダのロイ・J・シェファード博士はこう言っています。

「歩行に代表される有酸素運動による中高年齢者の生理的運動能

力の向上は、重度の介護対象者を 3 分の 2 に減らす」(ロイ・J・シェパード著、柴田博ほか訳『シェパード老年学——加齢、身体活動、健康』大修館書店、2003 年)

とくに、朝の散歩の効果は絶大なようで、次のような点がよく指摘されています。
①体内時計を正常にし、生活リズムを規則正しくする。
②気分を前向きにする。
③コレステロールなどで血流が悪くなった血管の流れをよくする。
④筋肉のこりを解消する。
⑤免疫力を高める。
⑥脳が活性化される。
⑦脂肪の燃焼効果が高まる。

ただし、むやみに歩けばよいわけではありません。肩を下げて下腹部をしめ、骨盤、背骨、頭をまっすぐにして、かかとから着地します。そして、上下動を小さくし、歩調と呼吸を合わせることが大切です[17]。

オシャベリングと言葉遊び

口と大脳を活性化する、超エコ生活モードの有力な友です。天からの贈り物である言葉は、人と人をしっかり結びつける強力な道具であるとともに、引き裂く魔力も有しています。古来、「初めに言葉ありき」などと、人類文化の核心としてとらえられてきたゆえんです。

言葉はこうした役割とともに、広い意味での「遊び」をわたしたちにもたらしてくれます。思いや意志、事実やイメージを伝える言

---

17) 土井龍雄『歩行寿命が延びる！セーフティ・ウォーキング』三省堂、2010 年。

葉の世界は、散文や韻文、何十巻にも及ぶ長編小説や史伝から、俳句のようなわずか17文字の簡潔かつ深重な表現まで、実にさまざまです。同時に、太古の甲骨文字[18]や楔形文字[19]からケータイやパソコン画面上の絵文字まで、遊びにも彩られています。

　現在、世界では3000とも7000ともいわれる言語が使用されています。そして、それぞれが独自の語彙と文法、修飾、それらに基づく文化体系を形成してきました。

　たとえば、四季に恵まれ、雨が多い日本では、雨に関する多くの語彙と表現が生み出されてきました。日本語の雨の呼び方は、40以上あるともいわれます。よく使われる春雨、五月雨、梅雨、時雨など雨の種類に加えて、雨間、雨やどり、雨男・雨女など関連語彙も多様です[20]。また、雪についてはロシア語やイヌイット（かつてはエスキモーと呼ばれた）語の語彙と表現がとても豊かだそうです。

　こうした言葉の世界を知ると、認識が広がり、本当の意味で豊かになっていきます。たとえば、雨が少なく、雨に関する語彙の少ない国や地方から来た人は、春雨や秋雨という言葉を知ることによって、春の雨と秋の雨の微妙な違いを感じとることができるでしょう。それ自体に、広い意味の遊びがあると思いませんか。

　もちろん、文章の韻[21]やリズム、俳句の季語、掛け言葉、駄洒落、回文、折句[22]、おちなどは、古くから親しまれてきた言葉遊びです。さらに、世界中の言語から自分が関心あるものを選んで一部でも学ぶ行為自体が遊びであり、そこには限りなく奥深いものがあります。

　生きた人間同士のこうした遊びは、生物エネルギーの交換であり、交感であり、交歓です。それは、化石エネルギーの消費とは正反対の極にある、きわめて循環性の高い、エコな楽しみといえるでしょう。

生(なま)の世界と触れ合う

「バーチャルに逃げるな！バイオに楽しめ！」

これが超エコ生活モード的な「快」の合い言葉です。

いまは多くの場面で、コミュニケーションのむずかしさや人間関係からくるストレス、経済的な格差からくる挫折感などで、現実から「逃げざるをえない」状況にあります。また、子どもや若い人は、ゲームやケータイをはじめとするIT機器に包囲されざるをえません。だからこそ、おとなは意識して、生の世界に彼らを誘導していくべきでしょう。それは決してむずかしいことではありません。

夏休みに田舎へ行って昆虫や植物と触れ合うのもいいし、家庭菜園や植林もいいでしょう。林間学校などの数日間、ゲームやケータイを使わない機会を設けている学校や町会もあるようです。こうした機会を増やしていけば、自然に生の世界に近づいていきます。そこでは、電気は照明や計器などに使う補佐役です。

エコロとココロの視点でスポーツを楽しむ

エコ的でココロが休まるスポーツはいろいろあります。その一端を見てみましょう。たとえば、カヌーやサーフィンはどうですか。あるいは、釣りやスキーはどうでしょう。

超エコ生活モード的快楽の共通点は、使われている動力が自然

---

18) 亀の甲や獣の骨などに刻まれた、古代中国の象形文字。
19) 古代オリエント地方で用いられた、くさびの形に似た文字。
20) 金田一春彦『日本語(新版)』岩波新書、1988年。
21) 同一あるいは似た言葉を文中の決まった位置に繰り返して使うこと。「韻をふむ」という。
22) 短歌・俳句などの各句の初めに物の名や地名などを一字ずつ置いたもの。「から衣　きつつなれにし　つましあれば　はるばるきぬる　たびをしぞ思ふ」(伊勢物語、「かきつばた」が折句) がその一例。

6 超エコ生活モード的快楽

で、循環的で、生であることです。サイクリングは足、オシャベリングは声。そして、カヌーやサーフィンは腕と足でしょう。もちろん、川の流れや風と波という、いわば地球の血流と呼吸に助けられてのことですが。

　釣りについては、針などの釣具が環境を汚すといわれているので、数カ月間で溶ける、たとえばトウモロコシや海藻などを主体とした針の開発が求められるでしょう。スキーは、ゲレンデの造成が山肌を荒らし、山の保水力を低下させるという問題があります。最近は、自然の山や谷を活かした山スキー（クロスカントリー）が徐々に盛んになってきました。これは、超エコ生活モード的スキーといえるでしょう。

　サラリーマンを中心に相変わらず人気が高いゴルフは、かつて『ゴルフ場亡国論』[23]という本が書かれたように、自然破壊の代名

詞といわれました。バブルがはじけて、リゾート開発ブームが沈静化したとはいえ、いまも除草剤を使っているところもあります。現状では、エコロの視点からは好ましくないスポーツです。

パター部分はやむをえないとしても、山スキーのように、山ゴルフや森ゴルフを考案し、森林を歩きながら楽しむ形に進化させるべきでしょう。ゴルフはもともと、草原や牧草地帯に誕生したスポーツです。そうした自然の地形を活かして、楽しむようにしてほしいと思います。

さまざまなスポーツをエコロとココロの視点からとらえ直して、選択していくべきでしょう。その際、できるだけ化石燃料や道具を使わないという基準が大切です。

なんでも楽器にしよう

エコロとココロを満たしてくれる楽しみのひとつに、「音楽」があります。とくに、電気を使わない生演奏(会)は魅力的です。

身のまわりの多くのものが、実は楽器として利用できます。食器だけを使った音楽会、いろいろな液体による演奏会など、アイディアは限りなくわいてくるのではないでしょうか。

実際、「なんでも楽器にしよう」という会が各地で行われているそうです。多くの楽器は大きさ、長さ、張力などの調節によって音が変わります。さまざまな道具を使ってそうした変化を楽しむサイエンスショーのような催しも面白いですね。

コップの形や大きさ、水の量で、ふるえる速さを変える。指先でこすってみて、音質や音階が変わるか変わらないかを試してみる。いろいろなバージョンが考えられて、楽しいです。なにしろ、サツマイモを吹く芸人さんもいるそうですから。

---

23) 山田国広『ゴルフ場亡国論』藤原書店、1990年。

6 超エコ生活モード的快楽

可能性を信じる

エコロくんとココロさんが尋ねます。

「コーシンジャーさん、テレビ、クルマ、自動販売機の３つから離れるって、わたしたちにもできますか」

——それは、きみたちの思いがどのくらい深いかによるな。ゆっくり考えてみよう。自分たちにとって本当に大切なものを犠牲にしてまで、重要でないことに目を奪われないようにする生き方が、これからますます必要になってくると思うよ。

「本当に大切なものっていうと？」

——きれいな空気、水、安心して口にできる食べものや飲みもの。それから、身近の親しい人たち。そして、世界中にいるふつうの人たち。

「それはわかるんですけど、テレビとクルマと自動販売機がない世界って想像できません」

——『ジャンプ！』が『できることから始めよう！』と違うのは、『できない』と思いこんでいる壁を飛んでみること、自分の可能性を信じることさ。たとえば、テレビを１日見なかったら、１週間見ないですむかもしれない。どうしても見たい番組があれば、それだけを選んで見ればいい。ビデオに録画して、友だちと一緒に見るほうがもっといいかもね。

「『テレビ見ない』って言ったら、みんなが驚くだろうな」

——でも、きみたちが本を読んだり、レコードやラジオを静かに聴いたり、友だちと楽しく話したりしていれば、きっとお父さんもお母さんも喜ぶ。友だちと『ノーテレビ比べ』をしてみるのも面白いよ。テレビを見ないで何をしたか、比べっこするんだ。

「……これまで思ってもいなかったことだから……よく考えてみます」

——『ジャンプ！』だね。

7 みんな仲よく、みんな楽しく

「みんな電気のお化け屋敷に住んでいたみたい。太陽さんと地球さんから直接届けられる贈り物をもっと使わないと」（ココロ）
——そう。人は天（太陽と雲＝水）と地の創造物だから、まず、天と地を心身いっぱいに楽しみたいね。

まわりの人たちの幸せを願う

宮沢賢治の次の言葉をご存知の方は少なくないでしょう。
「世界がぜんたい幸福にならないうちは、個人の幸福はありえない」（『農民芸術概論綱要』序論）
同じようなことは、世界中の子どもたちに愛された『星の王子様』で、作者のサン＝テグジュペリも示唆しています。要約すれば、「幸せとは、愛するひとつのものが全てのものと関わりがあると感じ、それに責任を持つ」ということでしょう。
ほとんどの人は、自らと身近な人の幸せを願っています。そして、多くの人は、もっと広く周辺の人びとや世界の人びと、さらに地球上の生き物たちの幸せと平安を願っています。

幸せを乱すもの

一方、幸せと平安を乱すものも、いろいろあります。地震・津波・台風・豪雨などの「天災」は、外からの代表的な被害です。ただし、「天災」と呼ばれていても、その多くは人災を含んでいます。
たとえば1995年1月の阪神・淡路大震災で支援活動に協力したとき、「初期出動・対応（とくに防寒対策）が十分であれば、直後に肺炎などで亡くなる人はかなり減っただろう」と、現場にいた医師から言われました。また、埋立地や活断層周辺の建物の補強工事

を事前に進めていれば、多くの倒壊は妨げたでしょう。

最たる人災はいうまでもなく戦争です。ヘロドトスの『歴史』[24]や司馬遷の『史記』[25]のころから、人びとは大地を血で染めてきました。そして、いまも染め続けています。先祖から永々とつないできた生命の結実である身体が大地に散逸し、大海のもくずと化してきました。

病気は外からも内からも人を脅かします。病名がついていない症状まで含めると、病気は何万種類もあるそうです。そして、軽重はあれ、おそらく何億人もが日々、この一瞬一瞬も闘病を続けているでしょう。また、肉体上に1mmのかすり傷さえない人が、ときには自らを生の世界から冥土へ送ってしまうこともあります。心の病の周辺には銃もミサイルもありませんが、これも一種の見えない戦争と言えるかもしれません。

病気は、当事者にとってはいうまでもなく、家族をはじめ周囲の人びとに多大な苦痛を与え、幸福を脅かすものです。事故も含めて、肉体的痛みと精神的辛さがないこと、たとえあったとしても致命的になる前に手をうつことが、いま世界中で求められています。

争いも引き起こしてきた宗教や思想

仏教、キリスト教、イスラーム教などの世界的宗教はじめ多くの宗教や思想は、人びとの幸福をめざして、普及が試みられてきました。一方で、その継承者たちが時を経て、何十、何百という宗派・セクトに分かれていくケースも、少なくありません。それが戦争を引き起こしてきたことも、よく知られるところです[26]。

宇宙から人体までを一貫する諸法則、信仰心や宗教的なものに大いに敬意をいだく人も、こうした対立や対峙、世俗的な権力争いを伴った歴史には眉をひそめていることでしょう。

対立や争いの原因には、それぞれの体験を完全に言葉やイメージ

で共有・共感しきれないという人間本来の限界にもあります。しかし、極端に教条的・紋切型の方針、宗派・セクトの利益のみの優先、寛容と思いやりの欠如によるほうがはるかに多いようです。もちろん、考え方を深めるための切磋琢磨は大切ですが、それが派利派略になってしまうと、行きつく先は戦争です。

　ここで忘れてはならないことがあります。それは、歴史が示しているように、衣食住が満たされているところでは紛争やセクトの対立は生じにくいということです。生存のための基本的な必要を満たし、貪欲を抑え、ささやかであれ充足感をもてる社会をつくる。それこそが、宗派・セクト以外の人間にとっては大同小異に映るいさかいを抑えていく道でしょう。

必要なものだけ残す

　名作『青い鳥』[27]には、いろいろな幸福が登場します。「健康」「清い空気」「青空」「昼間」「森」「春」「夕日」「雨の日」「冬の火」「無邪気な考え」。「霧の中を素足で駆ける」ことも幸福です。ここには、「モノを持つ」ことではなく、自然の移り変わりのなかで楽しみ、自らの思いに浸ることが幸福であるという考えが暗示されています。

　こうした本当の幸せへのヒントを与えてくれるもののひとつが、先住民族の文化・価値・生活スタイルです。たとえばアメリカの先

---

24) 古代ギリシアの歴史家ヘロドトスが紀元前5世紀に行われたギリシアとペルシアの戦争を中心に書いた歴史書。
25) 司馬遷が紀元前91年ごろに著した歴史書。伝説上の人物・黄帝から前漢の武帝までの歴史を書いている。
26) キリスト教徒がイスラーム圏に侵入した十字軍、宗教改革以降のカソリックとプロテスタントとの戦争（1618～48年の三十年戦争や1568～1648年のオランダ独立戦争など）はじめ、他の宗教でも同様の歴史がある。
27) メーテルリンク著、堀口大學訳『青い鳥』新潮文庫、1960年。

住民族であるイロクォイ族には、「7代先のことまで考えて行動しなさい」という教訓が連綿と伝えられてきました。アイヌ民族は、川で漁をするとき、その地域の神に断ってから川に入ります。そして、必要な量以上は獲らないという生活を長く続けてきました。

アメリカ先住民族の村で長く生活をした経験をもつ知人は、こう言っていました。

「日常生活で本当に必要なものだけを身のまわりに残すように、生活をそぎ落としていくことが、大切ではないでしょうか」

これこそ超エコ生活モードに通じる、これから世界に広めていくべき考え方だと、わたしは思います。

やすらぎを与える言葉

わたしが好きな、心にやすらぎを与え、幸せについて深く考えさせられる、3人の言葉を紹介させてください。

「水の流れと鳥の歌声にとりまかれた大地は、(中略)生気と興味と魅力にみちた光景を人間の前に展開する。それは、この世界において人間の目と心情が決してあきることのない唯一の光景なのだ」

(ルソー著、今野一雄訳『孤独な散歩者の夢想』岩波文庫、1960年)

近代を代表する思想家のひとりルソーは、その晩年を理解者のない孤立した状態で過ごします。それを癒してくれたのが自然と散歩でした。精神的に鍛えられた人であっても、孤独は辛いものでしょう。ましてや現在、ふつうの人たちや、とくに子どもたちが孤立した(と思った)とき、最後に癒される自然空間が身近から消されていることは、人を想像以上に追いつめているのではないでしょうか。

「まず歩き出すことが何より先だ。勇気と善意という投資をすることから始めよ。その投資をちゃんとしておきさえすれば、幸福と

いうものは複利でふえてゆくものなのだ」
「老年になって平和と安定を得るためには自分の個人的な自我を越えた何かの社会的な運動とか活動とかに身をいれていくのがいいものだ」
（B・W・ウルフ著、周郷博訳『どうしたら幸福になれるか』岩波新書、1960年(上)、1961年(下)）

ウルフはオーストリア生まれの精神医学者。この本は1957年に出版され、欧州各国でベストセラーとなりました。幸福は他への働きかけのなかで生まれるものです。賢治やテグジュペリの言葉を裏から表現したともいえます。「世界」と「全て」を想い、行動せよ！ということでしょう。

「もしよろこびをさがしに行くなら、まずよろこびを蓄えることである。手に入れる前にお礼をいうがいい。希望というものが、希望する理由を生み出してくれるのである」
「未来に幸福があるように思われるときには、よく考えてみるがいい。それはつまり、あなたはすでに幸福をもっていることなのだ。期待をもつということ、これは幸福であるということだ」
（アラン著、神谷幹夫訳『幸福論』岩波文庫、1998年）

現代の最先端の精神医学も、このアランの考えを裏づけているようです。楽しいことをイメージしたり明るい表情をつくるだけでも、また他人のためや社会的活動に努力すると、免疫力が高まるといわれます。希望と期待が幸福の重要な要素である健康へ人びとの心身を近づけようとするのです。

平和・平安を意味するＳ・Ｌ・Ｍ

超エコ生活モード、すなわちSuper Ecological Lifestyle Mode (SELM)は、Ｓ・Ｌ・Ｍという３つの子音を含んでいます。お気づき

7 みんな仲よく、みんな楽しく

の方もいらっしゃるかと思いますが、人類文明発祥の地であるオリエント地方ではS・L・Mの連なる子音は「平和・平安」の表現です。たとえば、「イスラーム」(Islam)、アラビア語の「サラーム」(Salaam)、ヘブライ語の「シャローム」(Shaloom)は、すべてS、L、Mを含んでいます。

　その影響から、インドネシア語やマレーシア語で挨拶語の初めにつけられるSelamat(たとえば、Selamat pagi「おはよう」)や、フィリピンのタガログ語のSalamat po(「ありがとう」)も同様です。さらに、地名のエルサレム(Jerusalem：「平和の都市」の意味、イスラエル)、ダル・エス・サラーム(Dare Es Salaam：「平和の家・場所」の意味、タンザニア)、人名のソロモン(Solomon)やスレーマン(Suleiman)なども、S・L・Mを含んでいるではありませんか。

　人びとは歴史のなかで土地や人に「平和あれ！」と願いをこめ、名を刻んできました。核戦争はもちろん、すべての戦争は最大の環境破壊です。わたしたちは挨拶や地名や人名にS・L・Mを見つけるとき、平和・平安と同時に超エコ生活モード＝SELMを思いおこし、地球の環境にも心を向けてほしいと思います。

　日常の挨拶や人名や地名で親しまれるくらい世界に広がるようにという思いと、環境と平和が表裏一体であるというメッセージも、このSELM＝Super Ecological Lifestyle Modeにこめてみました。

【付録1】超エコ生活モードが注目する活動

　各地で実に多様な試みが行われています。ここでは、基本的にわたしが訪問したり参加体験した、重要かつ連絡のとりやすいところに限って、紹介します(50音順)。それぞれの詳細はホームページなどをご参照ください。また、『半農半Xの種を播く――やりたい仕事も、農ある暮らしも』(塩見直紀と種まき大作戦編著、コモンズ、2007年)の「information 半農半Xお役立ち情報」も参考になります。

①あーす農場(兵庫県朝来市和田山町)
　農作業、家畜の世話、バイオガス、水力発電の管理、パン焼き、炭焼きなどの研修・体験ができる。訪問の前に、運営されている大森昌也さんの著書『自休自足の山里から――家族みんなで縄文百姓』(北斗出版、2005年)の一読をおすすめする。TEL/FAX：079-675-2959

②NPO法人アジア太平洋資料センター(PARC)(東京都千代田区)
　ベトナム反戦運動に結集した市民グループが中心となって1973年に設立。南北の人びとが対等に生きる社会をめざした活動を展開している。現在の社会の諸矛盾を乗り越え、別の社会システムを創るため、一般市民向けに30近くに及ぶコースを用意する自由学校の開催、調査・研究、日本政府や国際機関などへの提言、ビデオ制作、雑誌『オルタ』の発行などを行っている。TEL：03-5209-3455　FAX：03-5209-3453　http://www.parc-jp.org/

③NPO法人えがおつなげて(山梨県北杜市)
　農、食、エネルギーをテーマに、行政、教育機関、企業と連携しながら、農村の豊かな資源や伝統知を活用した多彩なイベントを開催。また、都市農村交流センター「みずがきランド」の運営や、東京農工大などと協力した耕作放棄地での小麦栽培も行う。TEL：0551-35-4563　FAX：0551-35-4564　http://www.npo-egao.net/

④農事組合法人鴨川自然王国(千葉県鴨川市)

農的生活を体験できる「里山帰農塾」を開催。講師は歌手の加藤登紀子氏、ジャーナリストの高野孟氏、衆議院議員の石田三示氏ら。毎月開催されるイベントや王国での農作業にも参加できる。TEL：0470-99-9011　FAX：0470-98-1560　http://www.k-sizenohkoku.com/

⑤さっぽろ自由学校「遊」(北海道札幌市)
PARCの協力団体。北海道の特色を活かした視点で、自由学校を運営している。TEL：011-252-6752　FAX：011-252-6751　http://sapporoyu.org/

⑥自販機へらそうキャンペーン事務局(国際環境NGO FoE Japan 東京都豊島区)
環境保全団体に呼びかけて、自動販売機を減らす運動を、おもに自治体に向けて実践している。TEL：03-3234-3844　http://www.foejapan.org/climate/jihanki/

⑦NPO法人スワラジ(茨城県石岡市)
就農準備サポート施設スワラジ・セミナーハウス「百姓の家」では、各自に与えられた田畑を耕作し、収穫物で自炊生活をする。希望者には農耕指導も行い、週末だけの施設利用もできる。一般向けの有機農業を体験する「公開実践セミナー」も実施。TEL/FAX：0299-42-2240　http://www.swaraj.or.jp/

⑧たかはた共生塾(山形県東置賜郡高畠町)
1973年から始まり、有機農業運動を広げるために「まほろばの里農学校」や講座、ファームスティなどを開催。TEL/FAX：0238-56-2124(夜間)　0238-58-3060(8時半〜17時)　http://www.takahata.or.jp/user/sansan/

⑨東京朝市アースデイマーケット実行委員会(東京都港区)
「東京に朝市を！」をモットーに1カ月に1度開催。アースデイマネーなどの地域通貨も利用できる。TEL：03-6806-9281　FAX：03-6806-9282　http://www.earthdaymarket.com

付録1　超エコ生活モードが注目する活動

⑩レインボープラン推進協議会(山形県長井市)
　生産者・消費者・行政の連携で、生ごみを堆肥にして農地に還元する循環型システムをめざす。市民ガイド付きの視察で、経過や現状の説明が聞ける。TEL：0238-84-2111　FAX：0238-83-1070　http://www.city.nagai.yamagata.jp/rainbow/　http://samidare.jp/rainbow/

⑪NPO法人日本有機農業研究会(東京都文京区)
　有機農業の実践と普及をめざし、生産者と消費者、研究者によって1971年に設立。全国各地に研究会がある。雑誌『土と健康』を発行し、講演会やセミナーを開催。TEL：03-3818-3078　FAX：03-3818-3417　http://www.joaa.net/

⑫ノーテレビ運動：NPO法人子どもとメディア(福岡市中央区)
　1960年代から70年代にかけ福岡県で始まった。2000年以降は「子どもとメディア」の問題を掘り下げ、全国10カ所に広がっている。日本はもちろん世界各国で行われているが、まとまった形での紹介はほとんどない。PARCでも2009年から、会員などによるノーテレビ運動として「テレビさようならクラブ」がスタートした。TEL：092-724-6323　FAX：092-403-6262　http://www.16.ocn.ne.jp/~k-media

⑬花とハーブの里(青森県上北郡六ヶ所村)
　核燃料施設など各種原発関連施設がある六ヶ所村で、有機農業による作物の生産、オーガニックカフェの運営など、農をベースに活動し、エネルギー問題の解決法や新しい社会のあり方・ライフスタイルづくりを考えている。TEL/FAX：0175-74-2522　http://hanatoherb.jp/　ブログ http://rokkasho.hanatoherb.jp/

⑭半農半Xデザインスクール(XDS)(京都府綾部市)
　塩見直紀氏が京都府綾部市で行う1泊2日の小さな学校。半農半Xの実践者や多様なジャンルの社会起業家などのメッセージが、地球と子孫の未来を尊重した生き方について考えさせてくれる。TEL/FAX：0773-47-0458　「塩見直紀ホームページ」http://www.towanoe.jp/

xseed/、「半農半Xという生き方〜スローレボリューションでいこう。（公式ブログ）」http://plaza.rakuten.co.jp/simpleandmission/

⑮ピースサイクル全国ネットワーク（全国事務局は、たんぽぽ舎気付、東京都千代田区）

　ピースサイクルは自転車で全国を走る平和運動。毎年6〜8月に、沖縄から長崎・広島を経由して六ヶ所村まで全国をサイクリングしながら、核兵器の廃絶をはじめ平和・環境・人権に関するアピールを行う。1986年に大阪の郵便局で働く青年たちが「身体を使って平和を表現したい」と、広島の原水爆禁止世界大会をめざして走ったことから始まった。2005年からは「国会ピースサイクル」として、3〜6月に、改憲を許さない行動を中心に国会へ向かうピースサイクルも取り組まれている。TEL：03-3239-9035、FAX：03-3238-0797　http://blog.peace-cycle.main.jp/

⑯非電化工房（栃木県那須市）

　発明家で工学博士の藤村靖之氏が営む、電化製品を非電化製品で置き替える発明工房。太陽光や輻射熱を使った冷蔵庫や炊飯器、和紙の吸湿作用を利用した除湿器など、刺激的試みがいっぱい。「文化生活＝電化生活」と思い込まされてきた、わたしたちの頭を180°転回させる、時代の最先端のアイデアが待っている。TEL/FAX：0287-77-3198　http://www.hidenka.net/

⑰NPO法人ふうど（小川町風土活用センター）（埼玉県比企郡小川町）

　生ごみを液肥とバイオガスに変え、循環型地域社会のモデルづくりに取り組んでいる。E-mail：ogawa@foodo.org　http://www.foodo.org/

⑱遊学の森トラスト（新庄・水田トラスト事務所を併設、千葉県鴨川市）

　棚田と雑木林で、里山を活かした毎月1度の農イベントを開催。収穫したお米は、収量に関係なく会員に平等に分配する。TEL/FAX：0470-98-0350（7時半〜8時）、TEL/FAX：0470-99-9003（9時31分〜19時）　http://blog3.fc2.com/yugakunomori/

付録1　超エコ生活モードが注目する活動

【付録2】超エコ生活モードがおすすめする本

　この本がわたしの独断と思い込みを中心に構成されているとお考えになる方がいらっしゃるかもしれません。でも、それは間違いです。わたしの考え方は、今日の世界に大きな影響を与えた古典から近著に至るまで、先人たちの思索から生み出されてきた知恵を参考としています。

　こうした本は社会や人間の分析、そして思想の展開において、きわめて優れたものですが、一部を除いて、日常生活や社会に対する具体的な働きかけや行動提起という点では必ずしも十分とはいえません。とはいえ、モノと情報の洪水に辟易としている多くの現代人が自らの生活を振り返り、人間らしく生きることを考え、かつ行動するためのさまざまなヒントを提供してくれることでしょう。

⑴超エコ生活モードと直接的にかかわるもの
　①『エネルギーと公正』イヴァン・イリイチ著、大久保直幹訳、晶文社、1979年。
　仮に環境を汚染せず、公有化されていても、エネルギーの大量生産・大量消費は自然破壊のみならず、そのテクノクラシー(技術権力支配)による社会的退廃を生み出し、公正、余暇、自律性を侵害すると指摘。1人あたりエネルギー使用量の限界を理論的に説く。イリイチによれば、クルマに頼ると時間欠乏性になることに典型的なように、つくられた欲求が商品と合体している現在のシステムに代わる、自律共助と自給部分の増大が重要である。
　②『シャドウワーク——生活のあり方を問う』イヴァン・イリイチ著、王野井芳郎・栗原彬訳、岩波現代選書、1982年。
　「所有すること」(having)が「存在すること」(being)より強調される結果、強制的に消費を、そして制度的に欲求不満をつくり出す構造が、鮮やかに説明される。
　③『清貧の思想』中野孝次、草思社、1992年。

物欲からの自由がどれほど心を豊かにするかが、先人の多くの例から具体的に面白く、わかりやすく紹介される。ベストセラーになったが、人びとの生活を転換するまでには至らなかった。

④『啄木歌集(改版)』石川啄木、岩波文庫、1957年(原典『悲しき玩具』の出版は1912年)。

「考へれば、ほんとに欲しと思ふこと有るようでなし。煙管(きせる)をみがく」の自足感の一方で、「新しきからだを欲しと思ひけり、手術の傷の痕をなでつつ」には、人間が本当に必要とするものへの叫びが聞こえる。

⑤『豊かさとは何か』暉峻淑子、岩波新書、1989年。

豊かさとは、自然も含めて連帯しあうことであり、全体として生きることであると主張。労働を半日にして、残りを友情のために使おう、と呼びかける。

⑥『老子(改版)』小川環樹訳注、中公文庫、1997年。

心が平静であるために、貪欲を離れることを説く。「少則得、多則惑」(少ししか持たない人は多くを得、たくさん持つ人は思い悩む)などの至言がいくつも収められている。

⑦『ローマはなぜ滅んだか』弓削達、講談社現代新書、1989年。

平静な心こそが幸せの根本にある。食卓のぜいたくがいかに精神を堕落させるかなどについてローマを例に紹介。今日の日本と見まがうことも多い。

(2)モノのワナから免れるために

①『アメリカとアメリカ人──文明論的エッセイ』ジョン・スタインベック著、大前正臣訳、平凡社、2002年(再刊)。

第二次世界大戦後、日本人のモデルになったアメリカとアメリカ人のモノに対する意識を考えるうえでの好著。「われわれはモノのワナにひっかかってしまった」と断言し、「モノとの闘い」とまで表現する。さらに、テレビの害、「新しい病気としてのレジャー」、つくり出される欲望のなかで「必要性がない」ことを恐怖とさえ感じるように

付録2 超エコ生活モードがおすすめする本

されてしまう状況を伝える。モノの必要について考える時間がなく、たとえば「不必要」であっても新車を買わざるえなくさせるカラクリが的確に分析されている。

②『クルマから見る日本社会』三本和彦、岩波新書、1997年。

ブランドや車の購入に夢中になるのは、日本人が生きる指針を失ったからであると指摘する。

③『ゆたかな社会(第4版)』J・K・ガルブレイス著、鈴木哲太郎訳、岩波書店(同時代ライブラリー11)、1990年。

20世紀末から21世紀初頭に世界で貧富の差を拡大した新自由主義の強力な推進者であったミルトン・フリードマンへの徹底的批判を1960年代に展開。「自分の欲しいモノを広告から教えてもらう」社会を分析し、欲望を弁護する経済理論の危険さを説く。そして、「わざわざつくられた欲望は重要ではない」「車はいまや非実用的」「存在しない必要の発明により公共サービスが猛攻撃される」などと喝破する。初版は日本でも1960年代にベストセラーになり、現在も大いに示唆に富む。

④『欲望社会——人にやさしい消費社会の到来』犬田充、中央経済社、1986年。

大量消費が消耗感を招き、真の満足を遠ざけていくと指摘し、「技術の可能性」からではなく「人間の必要性」から社会をつくろうと、発想の転換を求める。商品の「バロック化」(＝テレビの大型化やぜいたく化)もいち早く予測している。

⑤『「欲望」と資本主義——終わりなき拡張の論理』佐伯啓思、講談社現代新書、1993年。

消費者の欲望については、近代経済学もマルクス主義経済学も掘り下げてこなかった。たとえば、クルマに関心のない人を「消費者」にしたてあげていく資本主義のメカニズム、デザインや広告の巨大な影響力を指摘。移民が「アメリカ市民」になりたいという強迫観念に対する安定剤としてクルマ所有が利用された点にも言及する。そして、産業技術中心の「近代」から文化中心に欲望を戻す時代がきていると

述べる。

(3)エコロとココロの旅、農的暮らしをとりいれる参考に

①『2001年版 美味しくて安心自然派の宿――エコロジストのためのよりすぐりの170軒』自然食通信編集部編、自然食通信社、2001年。

自然食、農体験、バリアフリーなど心と身体を癒す全国の宿を紹介。

②『共生の大地――新しい経済がはじまる』内橋克人、岩波新書、1995年。

各地で試みられている地域おこし、クリーンエネルギー、協同組合などの新しい社会システムづくりを、具体的な例をとおしてわかりやすく示す。

③『地域の力――食・農・まちづくり』大江正章、岩波新書、2008年。

農、食、福祉、環境などの視点から、おもに農山村地域における地域活性化・コミュニティづくりへの人びとの努力や工夫を紹介する。あわせて、東京都練馬区と横浜市という人口集中地域に住む市民の農を大切にする活動から「市民皆農」をすすめる。

④『定年帰農――6万人の人生二毛作』(『現代農業』1998年2月増刊号)、『定年帰農パート2――100万人の人生二毛作』(『現代農業』2000年5月増刊号)農山漁村文化協会、1998年、2000年。

社会現象となった定年帰農という言葉は、ここから生まれた。また、この増刊シリーズは、『脱・格差社会――私たちの農的生き方』(2007年2月)、『農家発若者発グリーン・ニューディール――地域雇用創造の実践と提案』(2009年8月)など、参考になるものが多い。

⑤『半農半Xの種を播く――やりたい仕事も、農ある暮らしも』塩見直紀と種まき大作戦編著、コモンズ、2007年。

農的暮らしを生活にとりいれることが、現代人をいかに癒すか、楽しさ、新しい人間関係づくり、地域の活性化に役立つかが、具体例で示される。行動に直結する情報も充実。

(4)エコロジー一般

①『安藤昌益の世界――独創的思想はいかに生れたか』石渡博明、草思社、2007年。

日本の歴史上で最大の独創的思想家といわれる安藤昌益(1703～1762)。その世界観、倫理観、環境思想、生命と労働への敬意、平和の希求などから「エコロジストの先駆け」と呼ばれ、今日の時代にこそ学ぶべき点が多い。人間の欲望によって、社会のみならず自然までも病んでしまったと、すでに18世紀に深く洞察している。

②『隠して核武装する日本』槌田敦・藤田祐幸ほか著、核開発に反対する会編、影書房、2007年。

原子力(プルトニウム)エネルギーを利用するという点では「平和利用」(原子力発電所など)と「軍事利用」が紙一重であることを、歴史的・科学的に分析する。

③『大量浪費社会――大量生産・大量販売・大量廃棄の仕組み』宮嶋信夫、技術と人間、1990年。

クルマ、カラーテレビ、自動販売機の生産がいかに肥大化しているかを示す。電力会社が無理な需要拡大のためにいかに腐心しているか、高速道路とエネルギー浪費の関連、広告会社の「浪費構造」など、いまに通じる問題点が満載。

④『沈黙の春(改版)』レーチェル・カーソン著、青樹簗一訳、新潮文庫、1974年。

環境問題に警鐘を鳴らした古典。その背景にあるのは、生命の奇跡的存在という認識だ。

(5)ココロのあり方について

①『自省録』マルクス・アウレーリウス著、神谷美恵子訳、岩波文庫、1956年。

2世紀のローマ皇帝のいわば手記が、今日も驚くべき安らぎと生きる力をわたしたちに与えてくれる。「必要なことのみをする」ことが安らかさにつながると強調する。

②『人生の短さについて』セネカ著、茂手木元蔵訳、岩波文庫、1980年。

1世紀の政治家による古典。奴隷のない人間平等を主張するストア主義を基本とする。「すべての土地を我が物のように、また我が土地を人のもののように眺めよう。自分が他人に尽くすよう生まれたことを理解し、生みの親の自然に感謝をささげよう」と説く。

③『1984年』ジョージ・オーウェル著、新庄哲夫訳、ハヤカワ文庫、1972年。

集団主義的企業やカルト団体、独裁国家に共通する反対派への精神的コントロールが、みごとに描かれる。原著が書かれた1949年にはテレビが実用化していなかったが、「テレスクリーン」という器具によって人びとが洗脳されていく内容は、きわめて示唆的である。「持たない」権利は「持たされる」（＝洗脳される）ことへの抵抗手段であるという事実を思いおこす意味でも、重要な一冊。

④『森の生活——ウォールデン（改版）』ヘンリー・D・ソロー著、神吉三郎訳、岩波文庫、1979年（新訳は上・下分冊）

自然を愛する人びとへの古典中の古典。150年以上前に「スローライフ」を唱え、かつ実践している。エコロジーと反戦・平和は表裏一体であることは、ソローの人生が体現している。

⑤『夜と霧』（新装版）ビクトール・フランクル著、霜山徳爾訳、みすず書房、1985年。

第2次世界大戦中のドイツの強制収容所での体験記。とくに「絶望との闘い」は、極限状況のなかで生き抜くことの意味を考えるうえで、実に深い示唆に富む。

(6)テレビやテレビゲームから離れるために

①『新テレビ事情』倉本聰、文藝春秋、1980年。

民放開局25周年を前に、制作者から企画を聞かれた著者は、「『開局記念・テレビのない日』。これ、いまや抜群の企画です」との名言を吐いた。

②『テレビジョン・クライシス——視聴率・デジタル化・公共圏』水島久光、せりか書房、2008年。

　ごく瞬間をごく少数のモニターで計る視聴率のいくつものウソが示されるとともに、メディアへの接触欲望自体が頭打ちとなっている状況も分析されている。また、テレビの薄型化・大型化が画面上で死角を生むので、それを避けようとして凝視する傾向が強まり、没入性が高まるという問題も指摘する。

③『テレビとのつきあい方』佐藤二雄、岩波ジュニア新書、1996年。

　重要なキーワードにあふれている。「テレビは気楽。人を考えなくさせる」「百見は一聞にしかず」「テレビ断食」「テレビを見ない日を」「活字で2〜3分、テレビで40分」「テレビ報道が人から涙を奪う」「テレビが現実感覚をなくさせる」「テレビにジャーナリズムはない」「テレビはスピード病」。一方、「テレビを批判しても嫌いにならないで。あなたの大事な財産なんですから」とも述べる。

④『テレビの罠——コイズミ現象を読みとく』香山リカ、ちくま新書、2006年。

　コイズミ現象を分析し、テレビの恐ろしさをわかりやすく読みとく。マスコミを動かすのは「欲望する社会」であり、「普通さ」で支持を得、幼児性で選挙に勝つ。「現実」か「虚構」かは、とるにたらない。「小泉劇場」とスピリチュアリズムの近さにも言及する。

⑤『テレビを消せ！——ドラマ全盛時代の韓国で今なにがおきているか』コ・ジェハク著、裵淵弘訳、ポプラ社、2006年。

　テレビについて考える人の必読書。「テレビ視聴は一種の偶像崇拝」と述べ、自らの家族のテレビ断ちをすすめる韓国の父親の奮闘記録。この本を読むかぎり、日本より韓国のほうがテレビの問題点がはっきり認識されているように思われる。おそらく、日本ほど民間テレビ局と新聞社が一体化しておらず、相互に批判できる状況にあるからだろう。1995年から活動するアメリカのNGO「テレビ断ちネット（TV-Turnoff Network）」の活動も紹介されている。毎年4月の「テレビ断ち週間」には、全世界で2万以上の団体、1000万人近くが参加する

という。結論として、「テレビを消せば家族の絆は戻る」「テレビは悪しき習慣にすぎない」と指摘する。

(7)世界宗教の視点から
① 『聖クラーン──日訳注解』三田了一訳、日訳クラーン刊行会、1973年。

イスラーム教の聖典であるコーラン。貧者や旅人に「当然与えるべきものは与えよ」としつつ、「粗末に浪費してはならぬ」「浪費者はまことに悪魔の兄弟である」と浪費を厳しく戒める。なお、「イスラーム」は、その意味が平和を表すように、もともと平安を尊重している。イスラーム教を「信仰する」人びとのうち、ごく一部が「過激派」と称され、そのまた一部が武装闘争を展開している。ほとんどのイスラーム教徒は、他の宗教を信じている人、また特別な信仰をもっていない人びとと同じく、平和・平安を愛し、それぞれの幸福を願って生きている。

② 『聖書』日本聖書協会、1960年。

言葉の宝庫。とくに、旧約聖書の『詩篇』『箴言』『伝道の書』『雅歌』、新約聖書の各『福音書』は示唆的。なかでも、『伝道の書』は深遠である。人生は楽しく愉快に過ごすものであると同時に、悲しみと憂いが心を良くし、賢くすると説く。また、富を好む者は満足しないし、飽きるほどの富は眠ることさえ許さない、と過大な富の空しさを指摘する。

③ 『ブッダのことば──スッタニパータ』中村元訳、岩波文庫、1984年。

数多い仏教書のなかでもっとも古い聖典。人間として正しく生きる道が、対話をとおして、平明な言葉で具体的に語られる。「所有したい」という執着に汚されない、「我がもの」という観念に屈してはならない、それこそが平安に生きる道である、と強調する。

おわりの一歩

　本書は今年の「3・11」以前に執筆され、その後に若干の加筆を行いました。ただし、大きな変更はしていません。というのは、脱原発を直接の目的としたものではないからです。もちろん、脱原発は言うまでもないことであり、これからわたしたちが安心して生きていくうえでの前提ですが、本書は人びとの生活のあり方の根本的な見直しを目的としています。

　3・11以降そうした動きが強まっていることは、大いに歓迎すべきです。それこそが犠牲者への真の慰霊であり、被災者へ希望をもたらすでしょう（とはいえ、まだ不十分だと思います）。また、反原発・脱原発運動には以前を大きく上回る人びとが参加しています。これを国内外により広げていくべきでしょう。

　3・11において、原発の直接関係者はいわば主犯です。しかし、彼らだけが罪人というわけではありません。原発は、大量生産・流通・宣伝・消費・廃棄の象徴です。それを支えるシステムで甘い汁を吸ってきた周辺関係者に重大な責任があることを、決して忘れてはなりません。

　あわせて、次の2点を考えていただければと思います。

　ひとつは、すでにさまざまな学者・研究者が述べているように、原発をすぐに全廃しても、今日の程度の生活はほとんど変化なく続けられるという事実です。稼動調整のむずかしい原発を最優先するために休止してきた火力発電所や水力発電所を利用すれば、問題はありません。

　でも、本書で強調しているのは、むしろその先のことです。生活をスリム化すれば、原発以外のエネルギー利用も減少できます。

　ここで、目を覚ましてみましょう。1970年代や80年代の暮らし

は、不便で、楽しくなかったでしょうか？洗濯機も冷蔵庫も、冷房もエスカレーターも、たくさんありましたよね。

いまや人口は減り始めています。「脱原発・省電力・減成長」で、ゆったり社会を創っていきましょう。

もうひとつは、モノとサービスの無原則な使用を見直すことです。共有化・共感化と、使用目的の健康化・厳選化を意識して、行動してみませんか。

たとえば、クルマを例にあげれば、公共交通の充実とカーシェアリングです。近距離利用は、ふつうに歩ける人には必要ないし、むしろ不健康を招きかねません。映像なら、映画館や映画上映会の復活を試みましょう。だらだらのテレビ視聴と違い、厳選したほどほどの視聴は、優れた映像作品への共感だけでなく、視力の減退や思考力の低下も抑えるでしょう。

こうした一つひとつは小さな「ジャンプ」です。そして、その積み重ねが世界と社会を変えていく原動力となります。

なお、コモンズ代表の大江正章さんには終始ご面倒をおかけしました。とくに、3・11以降の日本社会の動揺と不安、試行錯誤のなかで、こうした形で広く問いかけをすることの意図をよく理解されるとともに、細かな点まで提案・指摘していただき、とても感謝しております。また、シマッチをはじめとして日ごろから超エコ生活モード(SELM)を実践されたり、エールやご意見を送ってくださる皆さんへも、心からお礼申し上げます。

    2011年8月

               コーシンジャーこと小林孝信

若者によるあとがき

　子どもや若者の活力は、与えられるものではなく、自分たちでやろうとすることで生まれてくるものです。おとなたちは手間をかけて思いどおりに「育てる」のでなく、彼ら・彼女らが自分たちなりに「育つ」ことを意識して、長い目で見てほしいと思います。そうすれば、個性あふれる活き活きとした子どもや若者の笑顔と認め合いが生まれ、それが住みやすく楽しい社会の基盤になるはずです。

　しかし、残念ながら「半人前の人間である子どもや若者に主張する資格はない」という風潮があり、それは最近の不景気でいっそう強まったように思います。それに比例して、「自分の子どもが苦労しないようにしてあげたい」という親の気持ちも高まりました。その結果、子どもや若者の「認めてほしい」という想いは、親の期待の壁を越えられず、希望と自信を失い、空回りしているのではないでしょうか。

　ただし、子どもや若者が悪いわけではありません。あえて言えば、モノが増え、暮らし方や文化が加速度的に変化する時代に、ついていけないだけではないでしょうか。

　いま多くの子どもや若者は、一位を勝ち取るために全力疾走しすぎているように、わたしには感じられます。みなさんは、どう思いますか？

　たとえば100m走では、前方の選手の後ろ姿かゴールテープしか見えません。まわりで応援している人たちの顔は、仮に見ようと思っても見えないものです。同様に、脇目も振らず、がむしゃらな日々を過ごしているとしたら、身近なところに見えていないものがたくさんあるかもしれません。

　わたしも全力疾走は大好きです。でも、人を傷つけたり、蹴落と

したり、何かを犠牲にしなければいけないような全力疾走は、大嫌いです。だからこそ、スピードを緩めてまわりを見渡したり、いつもと違うルートをブラブラしてみたり、余裕と好奇心を心がけたいと思います。
　身近にあるものを見つめ直してみよう。そして、そのことについて、子どもや若者とおとながゆっくり、お互いのための話をしたい。そんな想いを胸に、人生の先輩であるコーシンジャーのお手伝いをしました。

　　　　　　　　　　　ハツラツたる20代のシマッチ

【著者紹介】
小林孝信（コーシンジャー）
1948年、富山県に生まれる。1970年代初めから2009年まで、経済協力団体に勤務。1972年から同団体の労働組合に加入し、70年代なかごろからアジア太平洋資料センター（PARC）の活動に参加。1990年代なかごろからは、松戸市民ネットワークが発行する月刊誌『たんぽぽ』編集委員。1960年代末から超エコ生活モード（SELM）を試行中。

〔編集協力者紹介〕
島田充啓（シマッチ）
1986年、埼玉県に生まれる。学生時代に飲食店などのアルバイトで、ごみを大量に出し続ける社会や、お金中心の仕事環境に疑問を感じ、社会人になることに戸惑う。若いときの感性はお金よりも大切と考え、アジア太平洋資料センター（PARC）自由学校を2年間受講。社会問題を幅広く知り、現在は介護の仕事をしながら、自分で納得のいく暮らしを送れるように、日々奮闘中。

超エコ生活モード

2011年9月11日・初版発行

著　者・小林孝信
©Kobayashi Takanobu 2011, Printed in Japan
編集協力／イラスト・島田充啓
発行者・大江正章
発行所・コモンズ
東京都新宿区下落合 1-5-10-1002
TEL03-5386-6972　FAX03-5386-6945
振替　00110-5-400120

info@commonsonline.co.jp
http://www.commonsonline.co.jp/

印刷／東京創文社　製本／東京美術紙工
乱丁・落丁はお取り替えいたします。
ISBN 978-4-86187-085-9 C0036